MÉMOIRE

SUR L'ÉTABLISSEMENT

DES

RÉGULATEURS DE LA VITESSE,

SOLUTION RIGOUREUSE DU PROBLÈME DE L'ISOCHRONISME,

PAR LES RÉGULATEURS A BOULES CONJUGUÉES, SANS EMPLOI DE RESSORTS NI DE CONTRE-POIDS VARIABLES ;

INFLUENCE DU MOMENT D'INERTIE SUR LES OSCILLATIONS A LONGUES PÉRIODES,

PAR

M. E. ROLLAND.

(Extrait du *Journal de l'École impériale Polytechnique*, XLIIIe cahier.)

PARIS,

GAUTHIER-VILLARS, IMPRIMEUR-LIBRAIRE

DU BUREAU DES LONGITUDES, DE L'ÉCOLE IMPÉRIALE POLYTECHNIQUE,

SUCCESSEUR DE MALLET-BACHELIER,

Quai des Augustins, 55.

1868

[illegible]

MÉMOIRE

SUR L'ÉTABLISSEMENT

DES

RÉGULATEURS DE LA VITESSE,

SOLUTION RIGOUREUSE DU PROBLÈME DE L'ISOCHRONISME,

PAR LES RÉGULATEURS A BOULES CONJUGUÉES, SANS EMPLOI DE RESSORTS NI DE CONTRE-POIDS VARIABLES;

INFLUENCE DU MOMENT D'INERTIE SUR LES OSCILLATIONS A LONGUES PÉRIODES,

PAR

M. E. ROLLAND.

(Extrait du *Journal de l'École impériale Polytechnique*, XLIIIe cahier.)

PARIS,

GAUTHIER-VILLARS, IMPRIMEUR-LIBRAIRE

DU BUREAU DES LONGITUDES, DE L'ÉCOLE IMPÉRIALE POLYTECHNIQUE,

SUCCESSEUR DE MALLET-BACHELIER,

Quai des Augustins, 55.

1868

[illegible]

[illegible]

[illegible]

[illegible]

MÉMOIRE

SUR L'ÉTABLISSEMENT

DES

RÉGULATEURS DE LA VITESSE[*].

1. Convaincu par une longue expérience de l'insuffisance des règles données jusqu'ici aux constructeurs pour assurer la transmission régulière du travail dans les machines, je me suis livré, sur la question si délicate de la réglementation de leur vitesse, à des études approfondies dont je me propose d'exposer successivement les résultats. Mais en attendant qu'il me soit possible de le faire avec les développements convenables, j'ai pensé devoir en extraire une partie essentielle et particulièrement intéressante pour les applications pratiques. Tel est le but du présent Mémoire.

2. On admet, en général, que la sensibilité d'un régulateur est caractérisée par la quantité à laquelle on donne le nom d'*écart proportionnel de la vitesse,* quantité égale à une fraction dont le numérateur est la différence des vitesses extrêmes sous l'action desquelles l'appareil peut rester en équilibre, et dont le dénominateur est le double de la **vitesse de règle**, ou, plus exactement, la somme des vitesses extrêmes.

(*) Mémoire lu dans la séance de l'Académie des Sciences du 20 mai 1867, et soumis à l'examen d'une Commission composée de MM. Poncelet, Combes, Delaunay et Léon Foucault.

M. Delaunay, dans un Rapport présenté à l'Académie et approuvé par elle dans la séance du 23 mars 1868, conclut de la manière suivante :

« *En résumé, le Mémoire de M. Rolland renferme une excellente étude de la question des régulateurs isochrones, et fait connaître plusieurs solutions nouvelles, à la fois nettes et simples, de cette intéressante question. Nous proposons à l'Académie d'ordonner l'insertion de ce Mémoire dans le* Recueil des Savants étrangers. »

En cherchant la valeur analytique de cet écart proportionnel pour un dispositif quelconque de la famille des régulateurs, on trouve qu'elle est la somme de deux quantités dont la première est indépendante des résistances passives du système, et dont la seconde est au contraire proportionnelle à leur résultante.

Les résistances passives agissant toujours en sens inverse du mouvement, cette seconde quantité ne peut jamais être annulée; il est possible seulement de la rendre suffisamment petite. Mais il n'en est plus de même pour la première, et rien ne s'oppose à ce qu'elle soit égalée à zéro, en disposant convenablement les diverses parties du mécanisme.

Les régulateurs dans lesquels cette annulation a été réalisée sont ceux auxquels nous donnerons, avec M. Léon Foucault, la qualification d'isochrones. Ils sont doués, sous le rapport de la sensibilité, de qualités analogues à celles d'une balance dont le centre de gravité coïnciderait avec celui de rotation, et, par ce motif, leur réalisation a été le but des efforts d'un grand nombre d'inventeurs.

3. Le problème à résoudre, pour obtenir des régulateurs de cette espèce, consiste toujours à combiner le dispositif de telle sorte, que la vitesse angulaire de rotation sous laquelle il reste en équilibre, abstraction faite des résistances passives, soit la même dans toutes les positions.

Pour montrer la nature des moyens par lesquels on peut en obtenir la solution, il est nécessaire d'envisager la question au point de vue analytique, et de sortir des généralités où nous nous sommes tenus jusqu'ici. Dans ce but, nous choisirons pour base de nos raisonnements un type bien connu des régulateurs à force centrifuge, celui de Watt, dont les autres sont, du reste, à bien peu d'exceptions près, de simples variantes.

En appliquant à ce mécanisme le principe des vitesses virtuelles, ainsi que l'a fait, il y a plus de quarante ans, M. le général Poncelet dans son Cours de l'École d'Application de Metz, on obtient sans difficulté une relation donnant la vitesse angulaire ω de l'axe vertical de rotation, pour laquelle l'équilibre du système sera assuré dans une position déterminée, position caractérisée par la valeur attribuée à l'angle α formé par les tiges des boules avec la verticale. En faisant abstraction, dans cette relation, des résistances passives, elle devient :

$$(a) \qquad \frac{P}{g}\,\omega^2\,(\rho + L\sin\alpha)\,L\cos\alpha = (PL + Q\mathit{l})\sin\alpha,$$

équation dans laquelle :

P est le poids de l'une des boules soumises à l'action de la force centrifuge ;

Q une force verticale agissant sur la douille mobile ;

L la longueur de la tige qui porte la boule, comptée depuis le centre de gravité de celle-ci jusqu'au centre autour duquel elle est assujettie à tourner ;

ρ la distance de ce dernier centre à l'axe vertical de rotation ;

l le côté du losange articulé ;

α l'angle formé par la tige de la boule avec la verticale ;

ω la vitesse angulaire du régulateur autour de son axe ;

g l'accélération de la pesanteur.

Si notre appareil jouit des avantages propres aux régulateurs isochrones, la valeur de ω donnée par l'équation (a) doit rester la même, quel que soit α, et, par suite, être indépendante de cette variable. Voyons comment il pourra être satisfait à cette condition.

4. On reconnaît tout d'abord qu'elle est irréalisable si l'on suppose constants à la fois les divers éléments constitutifs du régulateur P, Q, L, l et ρ. Il faut donc apporter quelque modification dans le dispositif ordinaire de Watt, et pour cela on peut, soit rendre variables un ou plusieurs de ces éléments, soit introduire dans le système de nouvelles forces convenablement choisies.

Jetons un coup d'œil rapide sur les efforts tentés dans différentes voies pour arriver à l'isochronisme.

Au point de vue de la théorie pure, la solution la meilleure du problème consiste à faire parcourir aux centres des boules du régulateur une parabole ; mais elle est d'une réalisation très-difficile, et dans tous les cas trop compliquée pour satisfaire aux besoins de la pratique (*).

(*) *Voir* à ce sujet le « Régulateur parabolique de Frank » dans le tome IX (année 1848) du *Technologiste* publié chez Roret.

Le régulateur parabolique mis hors de cause, l'idée la plus naturelle était de rendre variable la force Q. On trouve en effet que l'équation (a) devient indépendante de α, en y faisant

$$(b) \qquad Q = P \frac{L}{l} \left(-1 + \frac{\omega^2 L}{g} \cos\alpha + \frac{\omega^2 \rho}{g} \cot\alpha \right),$$

ou plus simplement

$$(c) \qquad Q = P \frac{L}{l} \left(-1 + \frac{\omega^2 L}{g} \cos\alpha \right),$$

en supposant ρ nulle, ainsi que le font aujourd'hui un grand nombre de constructeurs.

Cette idée a été réalisée de différentes manières, dont l'examen détaillé nous éloignerait trop de notre but principal, mais parmi lesquelles nous croyons juste cependant de citer comme la plus ancienne celle imaginée par M. Charbonnier, et décrite dans le n° 83 du *Bulletin de la Société industrielle de Mulhouse* (année 1842).

Le régulateur à bras croisés de M. Farcot participe à la fois des deux sortes d'appareils dont il vient d'être parlé. Par le croisement des bras, cet ingénieur parvient à faire parcourir aux centres des boules des cercles osculant d'assez près, dans la région de leur fonctionnement, la parabole théorique. Puis, pour réaliser entièrement l'isochronisme, il a recours à un contre-poids variable et rentre sous ce rapport dans la solution indiquée d'abord par M. Charbonnier. Seulement le contre-poids nécessaire est alors beaucoup plus faible que si les bras n'avaient pas été croisés.

Enfin une solution plus parfaite que les précédentes a été donnée en dernier lieu par M. Léon Foucault, qui, renonçant suivant son habitude à suivre les chemins battus, annule les moments virtuels des forces P et Q, et introduit dans le système des ressorts horizontaux de force convenable pour équilibrer dans toutes les positions les forces centrifuges des boules.

A ces diverses solutions, je pourrais encore en ajouter d'autres trouvées par moi dans le cours de mes travaux ; mais il serait sans opportunité d'en parler plus longuement ici, l'un des objets principaux que j'ai en vue dans ce Mémoire étant de montrer comment on peut, sans ressorts ni contre-poids variables, obtenir des régulateurs isochrones.

5. Revenons à l'équation (a). Elle renferme trois fonctions différentes de la variable α, savoir : $\sin\alpha$, $\cos\alpha$ et $\sin\alpha\cos\alpha$. Pour y satisfaire indépendamment de toute valeur particulière de α, il suffit évidemment de faire en sorte que les coefficients de ces trois fonctions soient nuls.

On peut d'abord profiter de l'indétermination de la force Q pour annuler le coefficient de $\sin\alpha$, en faisant

$$PL + Ql = o, \quad \text{d'où} \quad Q = \frac{-PL}{l}.$$

Ce résultat est obtenu pratiquement en donnant la valeur ainsi déterminée à l'effort vertical agissant sur la douille mobile, ou plus simplement au poids de cette douille.

Il n'est pas plus difficile de faire évanouir le terme contenant $\cos\alpha$. On peut pour cela introduire dans le système une *nouvelle force indéterminée* analogue à la force Q. Ce résultat est obtenu au moyen d'une seconde douille mobile le long de l'axe du régulateur, et conduite par un losange articulé, dont les côtés sont égaux et perpendiculaires aux côtés du losange sur lequel agit la force Q. En appelant R la force verticale agissant sur la deuxième douille dont il vient d'être parlé, nous aurons introduit dans le second membre de l'équation (a) un nouveau terme, $Rl\cos\alpha$. Le coefficient de $\cos\alpha$ deviendra dès lors

$$R\,l - \frac{P}{g}\,\omega^2\,\rho L,$$

et sera nul en faisant

$$R = \frac{P\omega^2}{g}\,\frac{\rho L}{l}.$$

Par un procédé analogue, on pourrait également faire évanouir le coefficient de $\sin\alpha\cos\alpha$. Cette fonction n'est autre, en effet, que $\frac{\sin 2\alpha}{2}$. Si donc, à l'aide d'une troisième douille conduite par un losange articulé dont les côtés feraient avec la verticale un angle 2α, quand l'angle correspondant du losange de la première douille est α, on introduit dans le système une nouvelle force verticale S, et par suite un terme $Sl\sin 2\alpha$ dans l'équation (a), il suffira pour atteindre le résultat voulu de faire

$$S = \frac{P\omega^2}{g}\,\frac{L^2}{2l}.$$

6. Géométriquement la réalisation du mouvement nécessaire de cette troisième douille ne présente pas de difficulté. Elle serait obtenue, par exemple, en établissant une liaison, par le moyen de roues d'engrenage, dans le rapport de deux à un, entre les axes de rotation des côtés correspondants du troisième et du premier losange.

Mais une semblable solution serait compliquée dans l'exécution, et elle aurait le grave inconvénient de réduire notablement la sensibilité du régulateur par suite des frottements inhérents à la conduite de la troisième douille par les roues dentées. Je ne pouvais donc songer à m'y arrêter.

Je me suis demandé alors s'il n'y aurait pas moyen d'éliminer autrement le terme en $\sin\alpha\cos\alpha$ de l'équation (a), et j'ai trouvé que ce résultat peut être atteint en combinant chacune des boules avec une autre dont le centre de gravité soit fixé sur un bras rectiligne, perpendiculaire au bras de levier de la première boule, et venant se relier invariablement à lui au centre même autour duquel tourne ce levier. Il suffit pour cela de régler convenablement les poids des deux boules conjuguées.

Telle est l'idée fondamentale d'où je suis parti pour créer une nouvelle famille de régulateurs isochrones, dont je vais donner la description et la théorie, et que je désignerai sous le nom générique de *régulateurs à boules conjuguées*.

7. Soit, dans la *fig.* 1, AA′A″ l'axe de rotation du régulateur, OA un bras ou support lié invariablement à cet axe et portant en O un axe horizontal perpendiculaire au plan de la figure, et tournant sur deux coussinets. Sur l'axe O sont calés les deux leviers OB, OB′, perpendiculaires l'un sur l'autre ainsi qu'à l'axe O.

Les leviers OB, OB′ portent en B et B′ deux boules pesantes de poids P et Q. Ils sont prolongés jusqu'aux points C et C′, où ils sont articulés avec les leviers CO′, C′O″, articulés eux-mêmes en O′, O″ avec les bras O′A′, O″A″ de longueur invariable et assujettis à rester horizontaux, mais pouvant se mouvoir dans le sens vertical, ce qui est obtenu par la liaison invariable de ces deux bras avec les douilles A′ et A″, mobiles à frottement doux le long de l'axe de rotation AA′A″.

Nous supposons d'ailleurs ces douilles entraînées forcément dans le mouvement de cet axe, et les distances OA, O′A′, O″A″ égales entre elles, et par suite les points O′ et O″ restent toujours dans la verticale passant par le point O.

Nous supposerons également égaux entre eux les quatre leviers O′C, CO, OC′ et C′O″.

Si l'on mettait en mouvement autour de son axe le système que nous venons de décrire, les forces centrifuges des différentes masses dont il est composé donneraient lieu évidemment à des réactions horizontales, et par suite à des frottements nuisibles sur les supports de l'axe AA′A″ et sur les douilles A′ et A″.

On les évitera en disposant, comme dans le régulateur de Watt, à la droite de l'axe AA′A″, un dispositif entièrement symétrique de celui que nous avons placé à la gauche, ou, plus généralement, en répétant ce dispositif un nombre quelconque n de fois, et ayant le soin de placer ces n mécanismes dans n plans verticaux passant par l'axe et faisant entre eux des angles égaux.

8. Cela posé, désignons par

ρ la distance OA $=$ O′A′ $=$ O″A″;

l la longueur O′C $=$ CO $=$ OC′ $=$ C′O″;

L la distance du centre de gravité de la boule B au point O;

L_1 la distance du centre de gravité de la boule B′ au point O;

P et Q les poids respectifs des boules B et B′;

x un effort vertical exercé de haut en bas au point O″ par le bras O″A″ lié à la douille A″;

y un effort semblable exercé au point O′ par le bras O′A′;

α l'angle formé par la direction du levier OB avec la verticale;

ω la vitesse angulaire de l'ensemble du système autour de l'axe AA′A″;

g l'accélération de la gravité;

n le nombre des systèmes semblables à celui de la figure disposés régulièrement autour de l'axe.

L'équilibre de l'ensemble du mécanisme sera évidemment assuré si celui de la partie représentée dans la *fig.* 1 l'est également. Nous allons donc chercher les conditions auxquelles est assujetti ce dernier. Pour éviter des complications inutiles, nous ferons d'abord abstraction des masses des différents leviers et tiges articulées par lesquels est réglé le mouvement géométrique de la figure. L'introduction ultérieure de ces masses dans nos équations se fera d'ailleurs sans difficulté.

9. Tout cela bien entendu, les forces agissant sur le système mis en rotation seront les poids P, Q, x, y, et les forces centrifuges développées par les masses des poids P et Q.

Pour ne rien omettre, à ces forces il faudrait ajouter les résistances passives de toutes sortes, mais nous n'en parlerons pas d'abord, leur introduction ne changeant pas, ainsi que nous l'avons dit déjà, les conditions d'isochronisme du régulateur.

Pour l'équilibre, la somme des moments virtuels des forces agissantes doit être nulle. Cherchons donc l'expression de ces moments virtuels.

La force centrifuge agissant sur la boule B a pour valeur

$$\frac{P}{g}\omega^2(\rho + L\sin\alpha).$$

La vitesse virtuelle de son point d'application correspondant à une variation $d\alpha$ de l'angle α est $L\cos\alpha \, d\alpha$. Le moment virtuel de cette force est donc

$$\frac{P}{g}\omega^2(\rho + L\sin\alpha)\,L\cos\alpha\,d\alpha.$$

On trouve de même, pour le moment virtuel de la force centrifuge agissant sur la boule B', l'expression

$$\frac{Q}{g}\omega^2(\rho - L_1\cos\alpha)\,L_1\sin\alpha\,d\alpha.$$

La somme de ces deux moments virtuels sera donc

$$\frac{\omega^2}{g}d\alpha\left[\rho\left(PL\cos\alpha + QL_1\sin\alpha\right) + \sin\alpha\cos\alpha\left(PL^2 - QL_1^2\right)\right].$$

Pour se débarrasser du terme contenant $\sin\alpha\cos\alpha$ dans cette somme, il suffit de satisfaire à la condition

$$(1) \qquad\qquad PL^2 = QL_1^2.$$

En admettant l'égalité des deux bras de levier L et $L_{\prime}$, ainsi qu'il est convenable de le faire afin d'éviter des complications inutiles, l'équation (1) se réduit à Q = P.

Nous admettrons désormais cette égalité des poids des boules et de leurs bras de levier.

Le moment virtuel des forces centrifuges réunies deviendra dès lors

$$\frac{\omega^2}{g} PL\rho (\sin\alpha + \cos\alpha)\, d\alpha.$$

La vitesse et le moment virtuels du poids P de la boule B seront

$$- L\sin\alpha\, d\alpha \quad \text{et} \quad - PL\sin\alpha\, d\alpha.$$

On trouvera de même, pour les vitesses et moments virtuels du poids P de la boule B′ et des poids x et y, savoir :

$$
\begin{array}{lll}
L\cos\alpha\, d\alpha & \text{et} \quad PL\cos\alpha\, d\alpha, & \text{pour le poids P,} \\
- 2l\cos\alpha\, d\alpha & \text{et} \quad - 2xl\cos\alpha\, d\alpha, & \text{pour le poids } x, \\
- 2l\sin\alpha\, d\alpha & \text{et} \quad - 2yl\sin\alpha\, d\alpha, & \text{pour le poids } y.
\end{array}
$$

En égalant à zéro la somme des moments virtuels dont nous venons de calculer la valeur, on trouve sans difficulté, pour condition de l'équilibre,

$$(2) \qquad \frac{\omega^2}{g} PL\rho (\sin\alpha + \cos\alpha) = (PL + 2yl) \sin\alpha + (2xl - PL)\cos\alpha.$$

10. Pour assurer l'isochronisme du régulateur, il faut rendre cette équation indépendante de α, et dans ce but y annuler les coefficients de $\sin\alpha$ et de $\cos\alpha$, ce qui donne

$$(3) \qquad \frac{\omega^2}{g} PL\rho = 2yl + PL = 2xl - PL.$$

Le régulateur étant isochrone, la vitesse ω est invariable, et par suite $\frac{\omega^2}{g}\rho$ peut être remplacé par une constante arbitraire K. La relation (3) devient alors

$$(4) \qquad \frac{\omega^2}{g} PL\rho = KPL = 2yl + PL = 2xl - PL,$$

d'où l'on tire sans difficulté

$$(5) \qquad\qquad y = P\frac{L}{2l}(K - 1),$$

$$(6) \qquad\qquad x = P\frac{L}{2l}(K + 1),$$

$$(7) \qquad\qquad \omega^2 = \frac{Kg}{\rho}.$$

En donnant à K ou à ρ des valeurs convenables, on pourra obtenir pour ω telle valeur que l'on jugera utile, et les équations (5) et (6) donneront les valeurs correspondantes de x et de y.

Le nombre K est forcément de même signe que ρ, sans quoi ω serait imaginaire. Sauf dans les régulateurs dits *à bras croisés*, le nombre K est donc positif et peut être plus grand ou plus petit que l'unité, ou lui être égal. Nous allons examiner successivement ces trois hypothèses.

11. *Hypothèse de* $K > 1$. — Dans ce cas les valeurs de x et y sont toujours positives, et les forces appliquées aux points O' et O'' de la *fig.* 1 agissent de haut en bas. Elles peuvent donc être obtenues en donnant simplement un poids convenable aux douilles A' et A'', et sans qu'il soit nécessaire de recourir à aucun levier de renvoi, circonstance très-avantageuse au point de vue de la simplicité du système et à celui de la non-introduction du frottement, qui prendrait forcément naissance au contact de chaque douille et de l'extrémité du levier de renvoi.

L'examen des équations (5) et (6) montre d'ailleurs que, si l'on fait croître K, les accroissements correspondants de x et de y sont égaux entre eux. Si donc l'appareil a été réglé de telle sorte que l'isochronisme soit assuré pour une certaine valeur de K ou, si l'on aime mieux, de la vitesse ω, il suffira pour lui conserver cette propriété, tout en changeant la valeur de K, de réaliser ce changement par l'addition de poids égaux et convenablement calculés sur les deux douilles.

Soit K_1 la nouvelle valeur que l'on veut donner à K, et x_1, y_1 les valeurs correspondantes de x, y. Soit K_0, x_0, y_0 les valeurs des mêmes variables pour lesquelles l'appareil avait été primitivement réglé : les équations (5) et (6) donneront, pour la surcharge à ajouter aux deux douilles,

$$(8) \qquad y_1 - y_0 = x_1 - x_0 = P \frac{L}{2l} (K_1 - K_0).$$

Les moyens de réaliser pratiquement ces surcharges sont faciles à imaginer. On pourrait, par exemple, placer sur les traverses $O'A'$, $O''A$ des rondelles métalliques de poids convenable. Ces rondelles seraient circulaires et percées à leur centre d'un trou par lequel elles viendraient s'ajuster en plus ou moins grand nombre sur les pitons verticaux D', D'' (*fig.* 1) assemblés sur les traverses $O'A'$, $O''A''$. On aurait le soin, pour éviter l'inégalité d'action des forces centrifuges dues à ces rondelles additionnelles, de faire égales entre elles les distances, à l'axe du régulateur, de tous les pistons disposés symétriquement autour de lui.

12. *Hypothèse de* $K < 1$. — L'équation (5) donne dans ce cas une valeur négative pour y. Au lieu de charger de poids la traverse $O'A'$, il faudrait donc l'alléger par l'intervention d'une force agissant de bas en haut, ce qui pourrait se faire de diverses manières, inutiles à examiner ici, mais aboutissant toutes à l'emploi d'un levier de renvoi agissant de bas en haut sur la douille A' par une de ses extrémités, tournant autour d'un centre fixe et chargé à son autre extrémité d'un poids.

Outre la complication résultant de l'introduction de ce levier, elle aurait le grave inconvénient de donner naissance à un nouveau frottement et d'augmenter le moment d'inertie du mécanisme régulateur, envisagé au point de vue des mouvements qu'il peut prendre dans le plan de notre figure. Si donc on tenait absolument à réaliser l'hypothèse $K < 1$, ce qui sera bien rarement utile, mieux vaudrait modifier le dispositif de la *fig.* 1 et le remplacer par celui de la *fig.* 2. Dans celui-ci le levier OB est prolongé au-dessus du point O d'une longueur OC égale à l et s'articule, par l'intermédiaire de la tige CO', avec l'extrémité O' de la tige A'O' faisant corps avec la douille A'. Le poids dont est chargée cette douille agit dès lors dans un sens opposé à celui dont était chargée la douille correspondante dans la *fig.* 1. Nous devrons par suite changer le signe de y, et les équations (5) et (6) deviendront

$$(9) \qquad y = P\,\frac{L}{2l}\,(1 - K),$$

$$(10) \qquad x = \frac{PL}{2l}\,(1 + K).$$

Ces formules montrent que la somme des charges des deux douilles est constante et égale à $P\,\dfrac{L}{l}$ et que, si l'on veut faire croître K d'une quantité i, il faudra augmenter la charge de la douille A″ et diminuer celle de la douille A′ d'une même quantité $P\,\dfrac{L}{2l}\,i$, ce qui pourra se faire en enlevant une rondelle de poids $P\,\dfrac{L}{2l}\,i$ de la traverse O′A′ pour la reporter sur la traverse O″A″.

Je n'insisterai pas davantage sur la solution de la *fig.* 2, qui, je le répète, semble peu utilisable dans les applications pratiques.

15. *Hypothèse de* K $= 1$. — Dans ce cas la force y est nulle et les équations (6) et (7) deviennent

$$(11) \qquad x = P\,\frac{L}{l},$$

$$(12) \qquad \omega^2 = \frac{g}{\rho}.$$

La douille mobile inférieure devient donc inutile, et le dispositif du régulateur peut être simplifié et réduit ainsi qu'on le voit dans la *fig.* 3.

Dans cette figure, AA″ est l'axe vertical autour duquel tourne le régulateur et O un centre lié invariablement à cet axe ; autour de ce centre, et dans le plan de la figure, tourneront les deux boules B, B′, de poids égaux et dont les centres sont à égale distance du point O sur les côtés de l'équerre BOB′. Le côté B′O est prolongé de la longueur OC′ formant l'un des côtés du demi-losange articulé OC′O″, dont le sommet O″ est assujetti à rester sur la même verticale que le point O, et relié dans ce but à la douille mobile A″ par une tige de longueur convenable.

Dans ces conditions, le régulateur à boules couplées n'est pas de fait plus compliqué que le régulateur primitif de Watt, et il ne comprend, comme lui, que trois articulations pour chaque système de boules et une seule douille mobile pour l'ensemble du système.

On pourra se donner la vitesse angulaire ω de l'arbre vertical, et l'équation (12) déterminera la valeur $\rho = \frac{g}{\omega^2}$ qu'il faudra donner à la distance OA pour assurer cette vitesse.

La construction d'un semblable régulateur ne présentera, on le voit, aucune difficulté.

14. On a vu aux n°s 11 et 12 comment il était possible de faire varier la vitesse ω, en ajoutant ou retranchant des charges convenables aux douilles mobiles A' et A''. Les dispositifs des *fig.* 1 et 2 jouissent donc de cette qualité, qu'il est possible, sans rien changer aux proportions géométriques du mécanisme déjà construit, de modifier, comme on l'entend, la vitesse de la machine motrice.

Le dispositif de la *fig.* 3 ne possède plus la même qualité; mais il serait possible, en le modifiant convenablement, de la lui donner. Il suffirait, pour cela, de faire en sorte de rendre variable à volonté le bras de levier ρ. Ce but peut être atteint de bien des manières différentes, parmi lesquelles je me bornerai à indiquer, à titre de spécimen, celle de la *fig.* 4.

Dans cette figure, AA'' est toujours l'axe du régulateur. La partie du tracé indiquée par les lettres B, B', O, C' et O'' est la reproduction exacte de celle de la *fig.* 3 portant les mêmes indications. Le centre O, au lieu d'être relié directement à l'axe de rotation par un bras invariable OA, est porté par une extrémité du levier OE, dont l'autre extrémité vient s'articuler sur la douille E mobile le long de l'axe AA''.

Au poimt F, milieu de la distance des centres des articulations O et E, se trouve articulée la tige FA, venant se relier par une nouvelle articulation au point A faisant corps avec l'axe AA''.

Les choses sont d'ailleurs réglées de telle sorte, que le point A soit situé sur la verticale passant par le centre de l'articulation E et sur l'horizontale passant par le point O. Cette dernière condition est remplie, si l'on fait égales les trois longueurs OF, FE et FA.

Cela posé, si l'on fait varier la distance des points A et E, on fera varier également la distance du centre O à l'axe AA''. Pour obtenir pratiquement ce résultat, on fera venir de fonte sur les douilles A et E des oreilles *a* et *e*. La première de ces oreilles sera taraudée pour s'ajuster exactement sur la partie filetée de la vis *jh*. L'oreille *e* sera simplement percée d'un trou donnant passage à cette vis munie à son extrémité supérieure d'une tête à six pans, sur laquelle on peut agir à l'aide d'une clef. Par ce moyen, on pourra faire tourner la vis dans un sens ou dans l'autre et faire varier à volonté la distance des points A et E. Cette distance étant réglée de manière à obtenir la position voulue du point O, il faudra la rendre invariable en empêchant toute rotation accidentelle de la vis *jh*, et il suffira pour cela de passer une goupille dans deux trous correspondants percés dans l'écrou formant tête de la vis et dans l'oreille de la douille E.

Pour plus de clarté, nous avons supposé (*fig.* 4) l'axe de la vis *jh* situé dans le plan même du losange OC′O″, mais dans la réalité il devra être placé dans l'un des plans verticaux passant par l'axe AA″ et intermédiaires entre ceux qui contiennent les losanges articulés. Pour éviter les frottements auxquels pourrait donner naissance, sur la douille E, l'excentricité, par rapport à l'axe AA″, de la force exercée par la vis, il sera convenable d'employer deux vis symétriquement disposées, au lieu d'une.

Un dispositif de tout point semblable à celui que nous venons de décrire permettra de faire varier la distance du centre O″ à l'axe du régulateur, de telle sorte qu'elle soit égale à celle du centre O. Pour assurer cette égalité, on devra faire en sorte de donner la même valeur aux intervalles *ae*, *a″e″* existant entre les oreilles des douilles du haut et du bas. On pourra vérifier si cette condition est satisfaite à l'aide d'index fixés sur les extrémités inférieures des vis *jh* et *j″h″*, dont les positions seraient marquées sur des échelles divisées, parallèles à l'axe AA″, et dont une extrémité serait solidaire avec les oreilles *a* et *a″*.

J'en resterai là sur ce sujet, dont j'ai peut-être parlé un peu longuement. J'y eusse certainement moins insisté, si le régulateur de la *fig.* 4 ne m'avait semblé très-digne d'intérêt, en raison de la facilité avec laquelle il permet de changer la vitesse de règle ω sans modifier très-sensiblement l'écart proportionnel de cette vitesse permis par le régulateur.

15. Je me suis surtout occupé, dans ce qui précède, de préciser les principes sur lesquels repose l'établissement des régulateurs isochrones, et d'indiquer quelques solutions nouvelles du problème découlant de ces principes. Ces solutions ont en effet un avantage considérable à mes yeux, celui d'être plus simples que celles indiquées antérieurement, et de ne pas nécessiter comme elles l'emploi de contre-poids variables et de ressorts dont on connaît les difficultés de réalisation pratique, pour peu que l'on veuille obtenir des résultats exacts.

Nous ne devons pas oublier cependant que l'isochronisme est seulement une des qualités des régulateurs, et qu'ils doivent encore satisfaire à d'autres conditions pour remplir avec efficacité leur rôle pondérateur. Nous allons donc, en raison même de l'intérêt que nous semblent présenter les dispositifs ci-dessus décrits, montrer comment on pourra leur assurer la sensibilité désirable dans chaque cas particulier.

Pour atteindre ce but, la première chose à faire serait évidemment de définir avec précision les services que l'on prétend obtenir du régulateur. Mais, il faut bien le reconnaître, cette définition, variable avec les circonstances et de sa nature fort délicate, ne pourrait pas se formuler d'une manière générale. Nous nous bornerons donc, pour le moment, à envisager la question dans les termes restreints posés par nos illustres devanciers les Navier, les Poncelet, etc., et nous chercherons avec eux à déterminer les proportions à donner aux parties essentielles du régulateur à force centrifuge, pour que l'écart proportionnel de la vitesse de rotation de son axe ne puisse pas dépasser une valeur déterminée à l'avance, sans que ses boules ne se mettent en mouvement, en s'éloignant ou se rapprochant de l'axe.

16. Tout cela bien entendu, et après avoir rappelé la définition de l'écart proportionnel de la vitesse donnée au n° 2, nous allons chercher l'expression analytique de cet écart dans l'hypothèse du dispositif de la *fig.* 1.

Dans ce but, nous devons envisager l'équilibre du système, en ne négligeant plus aucune des forces agissant sur lui. Nous devons donc introduire les résistances passives dont on a fait abstraction au n° 9.

Nous pourrions aborder ici l'étude détaillée de ces diverses résistances, mais, dans l'intérêt de la clarté de ce Mémoire, nous croyons devoir l'ajourner, et nous raisonnerons pour le moment, comme l'ont fait d'habitude les

3

auteurs, non sur ces résistances elles-mêmes, mais sur leur résultante générale, force hypothétiquement appliquée à la douille mobile qui conduit la soupape régulatrice, et dirigée suivant la verticale constituant l'axe du régulateur. Cette force agit toujours en sens inverse du mouvement de la douille, et nous la désignerons par $\pm$ N, en l'affectant du signe $+$ ou du signe $-$, selon que la douille tend à monter ou à descendre.

Nous pouvons à volonté faire conduire la soupape régulatrice par l'une ou l'autre des douilles A$'$ et A$''$. Admettons le second cas. La force $\pm$ N peut être décomposée en autant de parties égales qu'il y a de mécanismes semblables à celui de la *fig.* 1 disposés autour de l'axe, c'est-à-dire en n parties; chacune de ces composantes aura pour valeur $\pm \dfrac{N}{n}$, et viendra s'ajouter à la force x définie au n° **8**.

En remplaçant x par $x \pm \dfrac{N}{n}$ dans l'équation (2), il vient pour condition de l'équilibre du système

$$(13) \quad \frac{\omega^2}{g} \, \mathrm{PL}\rho(\sin\alpha + \cos\alpha) = (\mathrm{PL} + 2\mathcal{y}\,l)\sin\alpha + \left[2l\left(x \pm \frac{N}{n}\right) - \mathrm{PL}\right]\cos\alpha,$$

équation qui devient, en tenant compte des conditions (5) nécessaires pour assurer l'isochronisme,

$$(14) \qquad \frac{\omega^2}{g} \, \mathrm{PL}\rho = \mathrm{KPL} \pm \frac{2Nl}{n} \, \frac{\cos\alpha}{\sin\alpha + \cos\alpha},$$

ou bien, en divisant ses deux membres par $\dfrac{\mathrm{PL}\rho}{g}$,

$$(15) \qquad \omega^2 = \frac{g}{\rho}\left(\mathrm{K} \pm \frac{Nl}{n\,\mathrm{PL}} \, \frac{2}{1 + \tan g\,\alpha} \right).$$

17. Pour chaque valeur particulière de α, l'équation (15) nous donnera deux valeurs de ω^2, l'une correspondant au signe $+$, et l'autre au signe $-$ de **N**. La première sera la vitesse angulaire sous laquelle l'équilibre du système serait sur le point d'être rompu pour permettre l'accroissement de α, et la seconde donnera au contraire la vitesse à laquelle commencerait la diminution de α. Les deux valeurs de ω ainsi déterminées sont donc le maximum et le minimum au delà et en deçà desquels l'équilibre ne pourrait plus subsister dans la position définie par l'angle α. Ces valeurs sont les limites extrêmes de la vitesse hors desquelles cet équilibre serait forcément rompu.

A chaque position de la soupape régulatrice du moteur correspondent une valeur particulière de α et deux valeurs corrélatives de ω entre lesquelles cette position pourrait être maintenue. Pour obtenir les maxima et minima absolus de ω, il faudra, dans chaque exemple particulier, chercher l'angle α_m compris entre les angles α_1 et α_2 correspondant à l'ouverture et à la fermeture complètes de la soupape régulatrice, pour lequel la fonction $\dfrac{N}{1 + \tang\alpha}$ prend sa plus grande valeur, et substituer α_m à la place de α dans la formule (15).

Désignant par ω_1, ω_2 et N_m les valeurs des vitesses extrêmes et de N dues à cette substitution, nous aurons

$$(16) \qquad \omega_1^2 = \frac{g\,K}{\rho}\left(1 - \frac{N_m\,l}{n\,KPL}\ \frac{2}{1 + \tang\alpha_m}\right),$$

$$(17) \qquad \omega_2^2 = \frac{g\,K}{\rho}\left(1 + \frac{N_m\,l}{n\,KPL}\ \frac{2}{1 + \tang\alpha_m}\right).$$

Pour peu que le régulateur soit sensible, $\dfrac{N_m\,l}{n\,KPL}\ \dfrac{2}{1 + \tang\alpha_m}$ est nécessairement une fraction très-petite. On aura donc avec une très-grande approximation

$$(18) \qquad \omega_1 = \sqrt{\frac{g\,K}{\rho}}\left(1 - \frac{N_m\,l}{n\,KPL}\ \frac{1}{1 + \tang\alpha_m}\right),$$

$$(19) \qquad \omega_2 = \sqrt{\frac{g\,K}{\rho}}\left(1 + \frac{N_m\,l}{n\,KPL}\ \frac{1}{1 + \tang\alpha_m}\right),$$

d'où l'on tire, en nommant E l'écart proportionnel de la vitesse,

$$(20) \qquad E = \frac{\omega_2 - \omega_1}{\omega_2 + \omega_1} = \frac{N_m\,l}{n\,KPL}\ \frac{1}{1 + \tang\alpha_m}.$$

18. Au moyen de la formule (20), il sera possible de calculer l'écart proportionnel d'un régulateur, lorsque tous les éléments constituants en auront été explicitement donnés à l'avance. Pour un régulateur construit l, L, ρ, n et P seront facilement mesurables. Les seules quantités dont la détermination peut présenter quelques difficultés sont donc K et $\dfrac{N_m}{1 + \tang\alpha_m}$.

N est une force variable avec l'angle α, et, si la fonction qui la détermine était au nombre des données du problème, on connaîtrait également $\dfrac{N}{1 + \tang\alpha}$, et il serait possible dès lors de trouver l'angle α_m qui donne à cette dernière fonction sa plus grande valeur.

Si N n'est pas connu, on peut l'obtenir par l'expérimentation en procédant de la manière suivante. Reportons-nous à la *fig.* 1 et ajoutons-y les organes établissant la liaison entre la douille mobile A″ et la soupape régulatrice. Cette liaison s'établit ordinairement par un balancier A″MN, tournant autour du centre fixe M et dont l'une des extrémités suit les mouvements de la douille A″, tandis que l'autre N est liée à la bielle NR qui commande le degré d'ouverture de la soupape.

Plaçons en un point S du balancier un couteau portant le plateau de balance T. Puis, notre appareil étant dans une certaine position correspondant à une valeur déterminée de l'angle α, chargeons ce plateau de poids jusqu'au moment où il commencera à descendre, et constatons le poids A qui produit ce résultat. Ramenons alors l'appareil à sa position primitive en déchargeant graduellement le plateau, et constatons le poids B sous l'action duquel le couteau S commence à remonter. La différence A — B des deux poids ainsi trouvés sera égale au double de la force verticale qui, appliquée au point S, ferait équilibre au frottement N dont la valeur sera dès lors connue.

On trouverait ainsi les valeurs de N pour différentes ouvertures de l'angle α, et par suite les valeurs correspondantes de $\dfrac{N}{1 + \tang\alpha}$. Il serait possible, dès lors, de tracer une courbe ayant pour abscisses les valeurs de α et pour ordonnées celles de $\dfrac{N}{1 + \tang\alpha}$, et l'on trouverait sans peine le maximum de cette dernière fonction.

Au moyen des pesées dont il vient d'être parlé, on déterminera également la valeur de K. En effet, si les pesées ont été faites pour la position correspondant à $\alpha = 45°$, la somme A + B des poids trouvés fait équilibre au double de $x + y$ (*voir* n° **8**) ; or, les équations (5) et (6), n° **10**, donnent

$$x + y = P\frac{L}{l}K ; \quad \text{d'où} \quad K = \frac{(x + y)l}{PL}.$$

K se trouve donc déterminé.

Je n'insisterai pas davantage sur la détermination des quantités N et K; elle comporterait une discussion assez étendue qui nous éloignerait trop du but spécial du présent Mémoire, et trouvera mieux sa place dans une autre communication.

19. Revenons maintenant à l'équation (20) et faisons à son sujet quelques réflexions dignes d'intérêt.

n est le nombre des systèmes de boules réparties uniformément autour de l'axe vertical du régulateur. En le faisant suffisamment grand, on peut obtenir la valeur voulue de E sans donner aux boules un poids très-considérable. Cet amoindrissement du poids des boules permet de donner des dimensions modérées aux diverses parties du mécanisme articulé, et notamment aux diamètres des articulations. C'est là un avantage réel, puisqu'en réduisant les diamètres des articulations on réduit dans la même proportion le moment virtuel de leurs frottements.

Sans donner à cet avantage une importance exagérée, il est clair qu'il mérite d'être pris en considération dans certains cas où l'ensemble des poids des boules nécessaires deviendrait considérable. Dans des cas pareils, le fractionnement de ce poids serait encore utile à un autre point de vue, en diminuant sensiblement la fatigue du mécanisme dans les instants où des changements brusques de la vitesse de la machine motrice mettent en jeu des efforts considérables dus à l'inertie.

Ces avantages propres au fractionnement du poids des boules sont, il est vrai, indépendants du système de régulation dont il est fait usage, mais il serait difficilement praticable sur la plupart d'entre eux, tandis que le régulateur à boules conjuguées s'y prête parfaitement, en raison du grand écartement existant entre son axe vertical et le centre d'articulation de la tige des boules.

20. Si le régulateur est construit à l'avance, n, P, L et l sont connus, et pour donner à E une valeur déterminée, on devra choisir convenablement K. L'écart proportionnel E serait en raison inverse de K, si N_m ne croissait pas avec lui; mais en se reportant aux équations (5) et (6) du n° **10**, on voit qu'il n'en peut être ainsi. En effet, l'accroissement de K entraîne celui de x

et y, et par suite celui des frottements des diverses articulations du système. De plus, en vertu de (7), on a

$$K = \frac{\omega^2 \rho}{g}.$$

En augmentant K, on accroît donc l'intensité de la force centrifuge et du frottement qu'elle détermine sur l'articulation O de la *fig.* 1. Par ces diverses causes, N_m croît avec K; mais il est facile de voir qu'il croît beaucoup plus lentement, car N_m est la résultante non-seulement des frottements des articulations du régulateur proprement dit, mais encore de ceux de la soupape régulatrice et de l'équipage par lequel elle est reliée à la douille mobile. Or, ces derniers frottements ne varient pas avec K, et ont une importance beaucoup plus grande que ceux des articulations du régulateur.

N_m croissant plus lentement que K, si l'on donne des valeurs de plus en plus grandes à cette dernière quantité, on diminuera graduellement E, mais sans pouvoir l'annuler jamais, et même l'amoindrir au delà de certaines limites.

Le régulateur de la *fig.* 1 étant supposé construit, ρ sera une constante connue, et le seul élément variable avec K dans l'équation (7) sera ω. C'est donc en changeant la vitesse de règle et les poids x et y qu'on pourra faire varier E.

Si ω avait au contraire une valeur donnée à l'avance, il faudrait nécessairement faire varier ρ avec x et y, suivant les valeurs que l'on voudrait obtenir pour E. Le dispositif de la *fig.* 4, décrit au n° **14**, permet d'obtenir facilement ce dernier résultat, et de faire ainsi varier la sensibilité du régulateur sans changer aucune des parties constituantes de son mécanisme ou de la transmission par laquelle il reçoit le mouvement du moteur à réglementer.

21. L'équation (20) montre encore que E est inversement proportionnel à PL. Si donc N ne variait pas avec P, on ne changerait pas la valeur de E en choisissant arbitrairement P et L, pourvu que le produit PL restât constant. Mais dans la réalité N croît avec P, et par cette raison E sera d'autant moindre pour une valeur donnée de PL que P sera plus petit et L plus grand.

Il est bon de remarquer toutefois que cette conclusion est admissible seulement dans les conditions où nous nous sommes placés jusqu'ici, c'est-à-dire en considérant exclusivement le régulateur à l'état statique, sans nous préoccuper des mouvements par lesquels il doit nécessairement passer pour se rendre d'une position d'équilibre à une autre.

Dans la réalité, il est nécessaire de tenir compte de ces périodes d'état dynamique sous peine d'être conduit à des résultats erronés. Sans vouloir ici aborder au fond la difficile question des mouvements du mécanisme pendulaire, je vais du moins tâcher de donner une idée générale de la nature de ces mouvements, et notamment de la manière dont ils sont influencés par l'importance plus ou moins grande donnée au moment d'inertie de l'ensemble des pièces mobiles.

Bien entendu, le moment d'inertie dont je veux parler ici est pris par rapport au centre O de rotation des boules dans les *fig.* 1, 2, 3 et 4; en d'autres termes, nous tenons compte seulement du mouvement du mécanisme dans son plan de figure, en faisant abstraction de sa rotation autour de l'axe du régulateur, ce dont nous avons parfaitement le droit du moment où nous avons introduit au nombre des forces agissantes celles qui, comme les forces centrifuges, sont le résultat de cette rotation.

22. Pour la clarté de ce qui va suivre, nous étudierons d'abord les mouvements que peut prendre le régulateur de la *fig.* 1, en faisant abstraction de sa liaison avec la soupape régulatrice du moteur. Afin de mieux faire ressortir l'influence que peuvent exercer les conditions de l'isochronisme sur les lois de ces mouvements, nous prendrons ici la question dans toute sa généralité, c'est-à-dire en admettant en premier lieu qu'il n'ait pas été satisfait à la relation (1) du n° **9**.

Dans un but de simplicité, nous pouvons supposer $L_{,} = L$, sans restreindre en rien la portée de nos raisonnements.

Cela posé, on trouve sans peine, en se reportant au contenu du n° **9**, que le moment virtuel des forces agissant sur le mécanisme est

$$d\alpha \left\{ \frac{\omega^2}{g} \left[\rho L \left(P \cos\alpha + Q \sin\alpha \right) + L^2 \left(P - Q \right) \sin\alpha \cos\alpha \right] \right.$$
$$\left. - \left(PL + 2yl \right) \sin\alpha - \left(2xl - QL \right) \cos\alpha \right\}.$$

Dès lors le travail total développé par les forces du système depuis $\alpha_{,,}$ valeur de l'angle α où commence le mouvement jusqu'à la position quelconque α, sera

$$\int_{\alpha_{,}}^{\alpha} d\alpha \left\{ \frac{\omega^2}{g} \left[\rho L \left(P \cos\alpha + Q \sin\alpha \right) + L^2 \left(P - Q \right) \sin\alpha \cos\alpha \right] \right.$$
$$\left. - \left(PL + 2yl \right) \sin\alpha - \left(2xl - QL \right) \cos\alpha \right\}.$$

L'accroissement de la force vive du système entre les positions $\alpha_{,}$ et α sera la valeur même de cette force vive pour la position α, puisque la vitesse $\frac{d\alpha}{dt}$ est supposée nulle pour la position $\alpha_{,}$. Cherchons l'expression de cette valeur.

La force vive des deux boules P et Q réunies sera

$$\left(P + Q \right) \frac{L^2}{g} \left(\frac{d\alpha}{dt} \right)^2.$$

Pour un chemin $L d\alpha$ parcouru par le centre des boules, les centres de gravité des poids y et z parcourent les chemins $- 2l \sin\alpha \, d\alpha$ et $- 2l \cos\alpha \, d\alpha$. Les forces vives correspondantes à ces poids seront donc

$$\frac{4 y l^2}{g} \sin^2\alpha \left(\frac{d\alpha}{dt} \right)^2 \quad \text{et} \quad \frac{4 x l^2}{g} \cos^2\alpha \left(\frac{d\alpha}{dt} \right)^2.$$

Il y aura lieu enfin de tenir compte de la force vive des autres pièces du mécanisme, telles que tiges diverses ou leviers semblables à $A''MN$ (*fig.* 1), servant à établir la communication entre le régulateur et la soupape du moteur. En général, les masses de toutes ces pièces de renvoi sont négligeables par rapport à celles considérées jusqu'ici, et il est inutile d'en tenir compte. Pour ne rien omettre, cependant, nous les désignerons dans leur ensemble par un terme $c^2 \left(\frac{d\alpha}{dt} \right)^2$, qui prendra une valeur de quelque importance dans les cas seulement où l'on aurait commis la faute d'accroître inutilement le moment d'inertie des diverses tiges ou transmissions de l'appareil.

La somme des forces vives de toutes les masses du système sera, en définitive,

$$\frac{1}{g}\left(\frac{d\alpha}{dt}\right)^2\left[(P+Q)\,L^2+4yl^2\sin^2\alpha+4xl^2\cos^2\alpha+c^2g\right]$$

ou simplement $\frac{I_\alpha}{g}\left(\frac{d\alpha}{dt}\right)^2$ en désignant par I_α la quantité entre parenthèse que, pour abréger, j'appellerai moment d'inertie du système correspondant à l'angle α.

En vertu du principe de la transmission du travail, nous aurons donc pour l'équation du mouvement

$$(a)\quad \left\{\begin{aligned} I_\alpha\left(\frac{d\alpha}{dt}\right)^2 &= 2g\int_{\alpha_1}^{\alpha}d\alpha\Big\{\frac{\omega^2}{g}\Big[\rho L\,(P\cos\alpha+Q\sin\alpha)+L^2(P-Q)\sin\alpha\cos\alpha\Big]\\ &\qquad -(PL+2yl)\sin\alpha-(2xl-QL)\cos\alpha\Big\}. \end{aligned}\right.$$

23. Pour satisfaire à la première condition de l'isochronisme, il faudra faire $Q = P$, et l'équation (a) deviendra

$$(b)\quad \left\{\begin{aligned} I_\alpha\left(\frac{d\alpha}{dt}\right)^2 &= 2g\int_{\alpha_1}^{\alpha}d\alpha\Big[\frac{\omega^2}{g}\rho PL\,(\sin\alpha+\cos\alpha)\\ &\qquad -(PL+2yl)\sin\alpha-(2xl-PL)\cos\alpha\Big]. \end{aligned}\right.$$

Cette équation peut se mettre sous une forme plus simple. Si nous désignons, en effet, par ω_α la vitesse de l'arbre du régulateur pour laquelle il resterait en équilibre pour l'inclinaison α, cette vitesse nous est donnée par la relation

$$(c)\quad \frac{\omega_\alpha^2}{g}\rho PL\,(\sin\alpha+\cos\alpha)=(PL+2yl)\sin\alpha+(2xl-PL)\cos\alpha,$$

en vertu de laquelle l'équation (b) peut s'écrire

$$(d)\quad I_\alpha\left(\frac{d\alpha}{dt}\right)^2=2\rho PL\int_{\alpha_1}^{\alpha}d\alpha\,(\sin\alpha+\cos\alpha)\,(\omega^2-\omega_\alpha^2).$$

L'équation (c) fait voir que ω_α conservera la même valeur quels que soient P, y, x, L et l, pourvu que les moments PL, yl et xl restent invariables, ainsi que la longueur ρ. Admettant que ces conditions sont remplies, on reconnaît que, quelle que soit la fonction de α donnant pour chaque position les valeurs de ω sous l'influence desquelles se produit le mouvement, le second membre de l'équation (d) conservera la même valeur. Il peut en être tout autrement du premier membre. Pour le montrer rappelons que l'on a

$$(e) \qquad I_\alpha = 2\,PL^2 + 4yl^2\sin^2\alpha + 4xl^2\cos^2\alpha + c^2 g.$$

Puisque les moments PL, yl, xl sont supposés constants, il est évident que I_α sera d'autant plus petit que L et l seront eux-mêmes plus petits. Mais $\left(\dfrac{d\alpha}{dt}\right)^2$, c'est-à-dire le carré de la vitesse angulaire des boules, est en raison inverse de I_α. Nous pouvons donc conclure de ce qui précède que la vitesse angulaire des boules autour de leurs centres d'articulation sera d'autant plus grande que l'on donnera plus d'importance aux poids P, y et x, en réduisant en proportion correspondante les bras de levier L et l.

Il y a lieu de faire ici une remarque. Si P, y et x, au lieu d'être des poids, étaient des forces immatérielles n'impliquant pas l'idée corrélative de la masse de ces poids, le second membre de l'équation (d) n'en serait pas modifié, mais la valeur de I_α serait très-amoindrie et la vitesse $\dfrac{d\alpha}{dt}$ serait dès lors accrue dans de grandes proportions. Évidemment on ne peut songer à remplacer le poids P des boules par une force équivalente, puisque c'est sur la masse même de ces boules qu'agit la force centrifuge et qu'avec elle disparaîtrait l'action régulatrice. Mais il en est autrement des forces y et x, qui pourraient ne pas être des poids, sans que les conditions d'équilibre du régulateur fussent en rien modifiées.

Lorsque y et x sont ainsi de simples pressions exercées sur les douilles du régulateur supposées sans masse, les termes multipliés par y et x dans la valeur de I_α deviennent nuls ; c'est ce qui aurait lieu, par exemple, si les pressions y et x étaient exercées sur les douilles par l'intermédiaire de leviers tels que A″MN (*fig.* 1) sur lesquels agirait un contre-poids convenable appliqué entre le point d'application A″ de la pression sur la douille et le centre M de rotation du levier. Mais alors les termes disparus dans I_α devraient être remplacés par d'autres dus au moment d'inertie des contre-poids. Seulement ce moment d'inertie pourrait être réduit à peu de chose, en augmentant beaucoup l'importance des contre-poids et les faisant agir très-près du centre de rotation M.

Il pourrait être véritablement utile de recourir à l'emploi de ces leviers et de ces contre-poids dans les cas où yl et xl auraient une assez grande valeur; il est facile de reconnaître, en effet, à l'inspection de la *fig.* 1, que la longueur l ne peut être, sans de sérieuses difficultés pratiques, diminuée au delà de certaines limites, ce qui ne permet pas d'amoindrir, autant qu'on pourrait le désirer, les moments d'inertie yl^2 et xl^2 dans l'hypothèse où les pressions y et x seraient le résultat de l'action de la gravité sur les masses des douilles mobiles.

24. Je n'insisterai pas davantage sur les moyens propres à réduire le plus possible la valeur de I_x. J'aurai du reste l'occasion d'y revenir dans la suite de ce Mémoire.

Mon but principal pour le moment était de montrer que la vitesse angulaire $\frac{d\alpha}{dt}$ des boules régulatrices, vitesse que l'on peut prendre pour la mesure de la mobilité plus ou moins grande du mécanisme, décroît en raison inverse de la racine carrée de son moment d'inertie.

On voit que la démonstration de cette vérité suppose seulement l'accomplissement de la première des conditions nécessaires de l'isochronisme, c'est-à-dire la disparition du terme facteur de $\sin\alpha\cos\alpha$ dans l'équation (a).

Tous nos raisonnements ont porté sur le régulateur à boules conjuguées de la *fig.* 1 ; mais il est facile de voir qu'ils seraient applicables à des régulateurs d'un système quelconque, dans les conditions d'équilibre desquels on aurait fait évanouir le terme multiplié par $\sin\alpha\cos\alpha$, soit par l'un des moyens indiqués sommairement au n° **4**, soit de toute autre manière. Notre conclusion s'applique donc à tous les régulateurs où l'on a réalisé la disparition du terme en $\sin\alpha\cos\alpha$, et *à fortiori* à tous les régulateurs isochrones. C'est ce dont il est facile de s'assurer de la manière suivante :

Pour ramener le régulateur à boules conjuguées de la *fig.* 1 au dispositif de Watt, il suffit d'y supprimer la boule B' et la douille A'', c'est-à-dire d'annuler Q et x dans l'équation (α). Celle-ci devient alors

$$(f) \qquad \left\{ I_x \left(\frac{d\alpha}{dt}\right)^2 = 2g \int_{\alpha_1}^{\alpha} d\alpha \left[\frac{\omega^2}{g}(\rho L P \cos\alpha + L^2 P \sin\alpha\cos\alpha) \right.\right.$$
$$\left.\left. - (PL + 2\,ly)\sin\alpha\right], \right.$$

4.

où l'on aura

$$(g) \qquad I_\alpha = PL^2 + 4yl^2 \sin^2\alpha + C^2 g.$$

Pour faire disparaître de (f) le terme en $\sin\alpha\cos\alpha$, on pourra employer un contre-poids variable produisant sur la douille A' une pression $\frac{\omega^2}{g}P\frac{L^2}{2l}\cos\alpha$ agissant de haut en bas. En ajoutant cette pression à y, l'équation (f) devient

$$(h) \qquad I_\alpha\left(\frac{d\alpha}{dt}\right)^2 = 2g\int_{\alpha_1}^{\alpha} d\alpha\left[\frac{\omega^2}{g}\rho LP\cos\alpha - (PL + 2yl)\sin\alpha\right].$$

L'introduction du contre-poids variable ajoutera un nouveau terme à la valeur de I_α donnée par (g). Ce terme serait évidemment

$$4\frac{\omega^2}{g}P\frac{L^2}{2l}\cos\alpha\, l^2 \sin^2\alpha = 2\frac{\omega^2}{g}PL^2 l\cos\alpha\sin^2\alpha,$$

si la masse du contre-poids reposait directement sur la douille mobile; mais il n'en peut être réellement ainsi. Le contre-poids agit sur la douille par l'intermédiaire d'un levier, et si l'on désigne par m le rapport des distances du centre de rotation de ce levier au point d'application du contre-poids, et à celui par lequel il agit sur la douille, on reconnaît sans peine que le terme à ajouter à I_α sera égal à la quantité calculée ci-dessus, multipliée par le rapport m; nous aurons donc en définitive

$$(i) \qquad I_\alpha = PL^2\left(1 + 2m\frac{\omega^2}{g}l\cos\alpha\sin^2\alpha\right) + 4yl^2\sin^2\alpha + c^2 g.$$

En conservant d'ailleurs à ω_α la signification donnée dans le n° **23**, les équations (c) et (d) de cet article seront remplacées, dans le cas actuel, par les suivantes :

$$(j) \qquad \frac{\omega_\alpha^2}{g}\rho LP\cos\alpha = (PL + 2yl)\sin\alpha,$$

$$(k) \qquad I_\alpha\left(\frac{d\alpha}{dt}\right)^2 = 2\rho PL\int_{\alpha_1}^{\alpha} d\alpha\cos\alpha\,(\omega^2 - \omega_\alpha^2),$$

équations sur lesquelles on peut raisonner comme sur (c) et (d) pour arriver aux mêmes conclusions.

25. Jusqu'ici nous ne nous sommes pas préoccupés de l'influence de la quantité ρ dans nos formules. L'étude de cette influence est importante pour la saine appréciation de la question qui nous occupe, et les considérations qui vont suivre nous semblent dignes d'un très-sérieux intérêt.

Occupons-nous d'abord du régulateur à boules conjuguées de la *fig.* 1, en y supposant remplie la première condition de l'isochronisme. La simple inspection de l'équation (b) montre qu'il est impossible pour cet appareil de faire $\rho = 0$, comme c'est aujourd'hui l'usage à peu près général, dans la construction des régulateurs à force centrifuge des divers systèmes. Pour $\rho = 0$ notre appareil resterait en effet immobile dans toutes les positions, quelle que fût la valeur de ω.

A mesure que ρ grandit la vitesse ω_α diminue, ainsi que le fait voir l'équation (c). Il est donc possible, en choisissant convenablement ρ, de maintenir ω , et, par suite, la vitesse moyenne de l'arbre du régulateur entre des limites qu'il serait dangereux de franchir. On comprend, en effet, que la fatigue de toutes les tiges et articulations du mécanisme augmente rapidement avec cette vitesse, et qu'elle deviendrait bientôt excessive. Quand donc on aura fixé cette vitesse limite qu'on ne veut pas franchir, on en déduira au moyen de l'équation (c) la valeur minima que l'on doit attribuer à ρ.

Il est facile de faire voir, d'ailleurs, que la valeur de ρ, qui a une si grande influence sur la grandeur de la vitesse de rotation ω, n'en a aucune sur celle de la vitesse angulaire $\frac{d\alpha}{dt}$. Pour le montrer nettement, mettons ω_α^2 en facteur dans le second membre de l'équation (d), et remplaçons dans ce second membre $\omega_\alpha^2 \rho \, PL \, (\sin\alpha + \cos\alpha)$ par sa valeur tirée de (c), il viendra

$$(l) \quad I_\alpha\left(\frac{d\alpha}{dt}\right)^2 = 2g \int_{\alpha_1}^{\alpha} d\alpha \left[(PL + 2yl) \sin a + (2xl - PL) \cos\alpha \right] \left(\frac{\omega^2}{\omega_\alpha^2} - 1 \right).$$

Dans cette équation, ω est la vitesse réelle de l'arbre du régulateur, vitesse variable suivant les circonstances de la transmission du travail de la machine motrice, l'importance du volant de celle-ci, et le rapport existant entre la vitesse de ce volant et celle du régulateur. Quel que soit ce rapport, ou, ce qui revient au même, quelle que soit la grandeur absolue de ω, les valeurs diverses de cette vitesse resteront toujours proportionnelles à sa valeur moyenne, c'est-à-dire à la vitesse de règle Ω que l'on cherche à maintenir, le but du régulateur étant précisément de restreindre le plus possible la fraction $\frac{\omega - \Omega}{\Omega}$, ou l'écart proportionnel de la vitesse.

L'angle α reste toujours compris entre des limites assez étroites correspondant à l'ouverture et à la fermeture complète de la soupape régulatrice du moteur. La vitesse de règle Ω coïncide avec ω_α pour une valeur particulière de l'angle α, valeur à peu près moyenne entre ces limites, et la simple vue de l'équation (c) montre que le rapport $\frac{\omega_\alpha}{\Omega}$ est indépendant de la valeur absolue de Ω et de ρ.

Puisque les rapports $\frac{\omega}{\Omega}$ et $\frac{\omega_\alpha}{\Omega}$ sont indépendants de la grandeur de ρ et de Ω, il en sera de même du rapport $\frac{\omega}{\omega_\alpha}$ et, par suite, de $\frac{d\alpha}{dt}$, en vertu de l'équation (l). Ainsi donc la vitesse angulaire $\frac{d\alpha}{dt}$, ou si l'on veut, la mobilité des boules, ne varie pas avec ρ et ω, et le choix de ρ dépend uniquement de la nécessité de ne pas faire ω trop grand, et de la convenance de ne pas accroître ρ outre mesure.

26. Reportons-nous maintenant à l'équation (h) relative à un régulateur où l'on a réalisé la première condition de l'isochronisme par l'introduction d'un contre-poids variable. Cette équation indique que, dans ce cas encore, la supposition de ρ nul entraîne l'immobilité du mécanisme. On sait cependant que cette annulation de ρ a été réalisée dans la plupart des régulateurs isochrones, dus à divers inventeurs ; je crois donc utile de montrer comment ils ont pu le faire sans rendre l'appareil immobile. Il suffit pour cela de remplacer le contre-poids dont il a été parlé dans le n° **24** par un autre donnant sur la douille A′, non plus une pression $P\,\frac{\omega^2}{g}\,\frac{L^2}{2l}\cos\alpha$, mais une autre égale à $\frac{\omega^2}{g}\,\frac{PL}{2l}(L\cos\alpha - z)$, où z est une indéterminée jouant ici le rôle qui était précédemment dévolu à ρ. Dans l'exécution ce résultat sera obtenu en joignant au contre-poids donnant de haut en bas la pression variable $\frac{\omega^2}{g}\,\frac{PL^2}{2l}\cos\alpha$, un second contre-poids donnant de bas en haut la pression constante $\frac{\omega^2}{g}\,\frac{PLz}{2l}$.

L'introduction de ce nouveau contre-poids dans les équations (f) et (g) donnera

$$(m) \qquad I_\alpha \left(\frac{d\alpha}{dt}\right)^2 = 2g \int_{\alpha_1}^{\alpha} d\alpha \left[\frac{\omega^2}{g} z LP - (PL + 2yl)\right] \sin\alpha,$$

$$(n) \quad I_\alpha = PL^2 \left[1 + 2m \frac{\omega^2}{g} l \sin^2\alpha \left(\cos\alpha + \frac{z}{L}\right)\right] + 4yl^2 \sin^2\alpha + c^2 g.$$

Dans cette dernière équation m a la même signification que dans (i).

Enfin les équations (j) et (k) seront remplacées dans le cas actuel par

$$(o) \qquad \frac{\omega_\alpha^2}{g} z LP = PL + 2yl,$$

$$(p) \qquad I_\alpha \left(\frac{d\alpha}{dt}\right)^2 = 2 z PL \int_{\alpha_1}^{\alpha} d\alpha \sin\alpha \left(\omega^2 - \omega_\alpha^2\right).$$

L'équation (o) montre que ω_α est constant et égal à la vitesse de règle Ω. Le régulateur est donc ici complétement isochrone. Nous pourrons dès lors remplacer ω_α par la vitesse de règle Ω.

Pour rendre tout à fait explicite l'équation (p), il faut connaître ω en fonction de α. Afin de préciser la question, nous supposerons que le régulateur étant en équilibre sous l'inclinaison α_1, la vitesse de rotation de l'arbre, égale d'abord à Ω, prenne tout à coup une valeur plus grande $\Omega\left(1 + \frac{1}{n}\right)$ et conserve ensuite cette nouvelle valeur.

Dans cette hypothèse l'équation (p) devient, en effectuant l'intégration,

$$(q) \qquad \begin{cases} I_\alpha \left(\frac{d\alpha}{dt}\right)^2 = 2 z PL \Omega^2 \left(\frac{2}{n} + \frac{1}{n^2}\right) (\cos\alpha_1 - \cos\alpha) \\ \qquad = 4g (PL + 2yl) \left(\frac{1}{n} + \frac{1}{2n^2}\right) (\cos\alpha_1 - \cos\alpha). \end{cases}$$

Remplaçant I_α par sa valeur tirée de (n) et remarquant que si $\frac{1}{n}$ est une petite fraction, $\frac{1}{2n^2}$ pourra être négligée devant $\frac{1}{n}$, on trouve

$$(r) \qquad \left(\frac{d\alpha}{dt}\right)^2 = \frac{\dfrac{4g}{n} (PL + 2yl)(\cos\alpha_1 - \cos\alpha)}{PL^2 \left[1 + 2m \dfrac{\Omega^2}{g} l \sin^2\alpha \left(\cos\alpha + \dfrac{z}{L}\right)\right] + 4yl^2 \sin^2\alpha + c^2 g}.$$

27. Il serait facile d'obtenir des équations analogues à (r) pour le régulateur à boules conjuguées de la *fig*. 1, et pour celui dont il a été question au nº **24**. Il suffirait pour cela d'y remplir la seconde condition de l'isochronisme, et de procéder ensuite comme nous l'avons fait ci-dessus.

On trouverait ainsi de nouvelles équations dont la discussion aurait de l'intérêt, mais nous éloignerait trop du but principal que nous avons ici en vue. Je crois d'ailleurs avoir suffisamment montré la route à suivre dans les questions de cette nature, pour n'avoir pas besoin de multiplier davantage des applications sur lesquelles je me réserve d'ailleurs de revenir en temps utile.

Ce qu'il m'importait surtout de faire ressortir clairement, c'est l'influence considérable du moment d'inertie défini comme nous l'avons fait au nº **21**, sur la vitesse angulaire $\frac{d\alpha}{dt}$ des boules autour de leur centre de rotation dans les régulateurs où l'on a réalisé la première condition de l'isochronisme. quel que soit d'ailleurs le moyen employé à cet effet.

Dans ce qui précède, nous avons supposé rompue la liaison du mécanisme régulateur, avec la soupape d'admission de la machine motrice. Nous allons maintenant rétablir cette liaison et chercher à donner une idée de la nature des mouvements que prendront les boules sous l'influence des perturbations qui peuvent survenir dans la transmission du travail.

Avant de passer outre, disons ici une fois pour toutes, afin de ne plus y revenir et d'éviter toute équivoque, que les raisonnements développés dans les articles suivants s'appliquent exclusivement à des régulateurs isochrones ou dans lesquels du moins a été réalisée la première des conditions de l'isochronisme.

28. Reportons-nous au régulateur de la *fig*. 1, et supposons-le en équilibre dans une position correspondant à $\alpha = \alpha_i$; la puissance et la résistance développent alors sur le volant du moteur des quantités de travail équivalentes pendant l'unité de temps.

Supposons que cet état d'équilibre vienne à être rompu tout à coup par le débrayage instantané d'un certain nombre d'outils. Le travail résistant se trouvant ainsi diminué, le travail moteur deviendra prépondérant ; la vitesse ω du régulateur autour de son axe augmentera, et la force centrifuge des boules se trouvant dès lors accrue, celles-ci ne tarderont pas à se mettre en mouvement en tournant autour du centre O, et déterminant des mouvements corrélatifs dans les diverses parties du mécanisme.

Si le moment d'inertie de l'ensemble des pièces mobiles est très-petit, la vitesse angulaire φ du centre des boules autour du point O s'accélérera rapidement et le mécanisme atteindra dans un temps très-court la nouvelle position correspondant à $\alpha = \alpha_2$, pour laquelle l'équivalence entre les travaux moteur et résistant sera établie. Pendant ce temps très-court la vitesse ω croîtra fort peu, si le volant de la machine motrice a une importance suffisante. La force accélératrice entraînant le mouvement des boules autour du point O sera donc très-petite au point α_2, puis au delà de ce point elle décroîtra rapidement par suite de la fermeture graduelle de la soupape régulatrice et de la résistance du frottement. Elle sera donc bientôt nulle, puis négative, et dès lors la vitesse φ des boules ne tardera pas à devenir nulle elle-même en raison de la faible inertie du système. Les choses arrivées à ce point, et le travail moteur continuant à être inférieur au travail résistant, la vitesse ω décroîtra bientôt assez pour provoquer un mouvement des boules de sens inverse à celui dont je viens de donner une idée. Des mouvements tantôt dans un sens, tantôt dans l'autre, se succéderont ainsi de part et d'autre du point α_2, sans que jamais ω s'écarte beaucoup de la vitesse de règle, et l'on voit sans peine qu'en raison de l'importance relative du frottement et de la faiblesse supposée du moment d'inertie de notre appareil, l'amplitude de ses oscillations pourra décroître rapidement et faire bientôt place à un nouvel état d'équilibre. Il pourrait arriver aussi, notamment dans le cas où il aurait été satisfait à la seconde condition de l'isochronisme, que l'amplitude des oscillations fût croissante ; mais, dans ce cas même, elle serait toujours limitée par les arrêts correspondant à l'ouverture et à la fermeture complètes de la soupape régulatrice. Le mécanisme, dans cette dernière hypothèse, serait en proie à un mouvement oscillatoire indéfini ; mais il résulte de ce que nous avons dit plus haut que la vitesse ω ne pourrait jamais s'écarter beaucoup de la vitesse de règle.

29. Si l'on suppose au contraire une grande valeur au moment d'inertie du mécanisme, les choses se passeront différemment.

Dans les premiers moments qui suivront le débrayage instantané d'un certain nombre d'outils, la vitesse φ des boules autour du point O croîtra très-lentement, et la position de la soupape régulatrice se trouvant dès lors très-peu modifiée, la vitesse ω ne tardera pas à excéder de beaucoup la vitesse de règle. La force motrice des boules prendra donc bientôt une importance considérable et croissante sous l'influence de laquelle la vitesse φ finira par prendre elle-même des valeurs de plus en plus grandes. D'après cela on peut se rendre compte des conditions réelles où se trouvera le mécanisme au moment où il atteindra la position α_2 pour laquelle l'équilibre entre les travaux moteurs et résistants agissant sur le volant est rétabli. A ce moment la force vive dont est animé le système régulateur et la force accélératrice de son mouvement seront certainement très-grandes. L'angle α continuera donc à croître rapidement, et son amplitude pourra bientôt devenir telle, que le mécanisme vienne buter contre l'arrêt limitant sa course au point où la soupape régulatrice est entièrement fermée. Il est clair d'ailleurs qu'en raison de la rapidité de ce mouvement de fermeture, il sera très-peu modifié par la diminution de la vitesse ω et de la force accélératrice qui se produiront au delà de la position α_2.

Le mécanisme étant venu buter contre l'arrêt correspondant à la fermeture de la soupape restera immobile, et la vitesse ω décroîtra rapidement jusqu'à l'instant où elle sera devenue assez inférieure à la vitesse de règle pour développer une force motrice suffisante de sens inverse à celle considérée ci-dessus. Quand cette nouvelle force motrice sera supérieure à la résistance du frottement, elle entraînera de nouveau le mouvement des boules en les ramenant vers la position α_2. Les choses se passeront dans cette nouvelle évolution comme dans la première; le point α_2 sera franchi avec rapidité, et le mécanisme viendra finalement buter contre l'arrêt correspondant à l'ouverture complète de la soupape régulatrice. Là se produira un nouvel intervalle de repos suivi d'une nouvelle évolution des boules de sens contraire à la précédente, et l'on voit finalement que le régulateur subira une série indéfinie d'oscillations alternatives séparées par des temps de repos, et dans chacune desquelles les boules parcourront l'amplitude entière de l'arc séparant les positions extrêmes d'ouverture et de fermeture de la soupape régulatrice.

50. Je n'insisterai pas davantage sur ces considérations suffisamment développées pour le but que je me propose ici. Il en résulte, en effet, qu'en donnant à la partie mobile du régulateur un moment d'inertie de plus en plus important, on accroît les écarts de la vitesse ω qui peuvent se produire pendant l'état de mouvement du mécanisme, et que, passé certaines limites, cet accroissement du moment d'inertie peut entraîner un mouvement oscillatoire des boules, mouvement qui ne peut prendre de fin et entraîne, pour la vitesse de la machine motrice, une série correspondante d'oscillations pendant lesquelles elle peut s'écarter beaucoup de la vitesse de règle que l'on prétend maintenir à l'aide du régulateur.

Avant de faire usage de l'équation (20) pour calculer l'écart proportionnel de la vitesse, il est donc indispensable de s'assurer que le mécanisme a été réglé de manière à éviter ou du moins à atténuer les fâcheux effets des oscillations continuelles dont il vient d'être question, oscillations bien connues des praticiens sous le nom d'*oscillations à longues périodes*, et qu'ils ont cherché à combattre par divers moyens, sans bien se rendre compte des causes qui les produisaient.

Les remèdes le plus généralement usités pour éteindre le mouvement oscillatoire ont consisté jusqu'ici à augmenter suffisamment les résistances passives, soit en accroissant le frottement de l'une des pièces du mécanisme, soit en mettant en jeu une résistance variable avec la vitesse, telle que celle de l'air. Sans examiner la valeur relative de ces divers remèdes, on comprend qu'ils entraînent une diminution de la sensibilité statique du régulateur en accroissant la valeur de N, et que, d'ailleurs, ils sont de simples palliatifs du mal dont ils ne détruisent pas la cause. Cette cause, nous l'avons vu, réside surtout dans l'importance de plus en plus considérable prise par la force motrice des boules à mesure que l'on augmente le moment d'inertie du système mobile. C'est donc en diminuant l'importance de ce moment d'inertie, et non en accroissant le terme négatif des résistances passives, qu'il est rationnel de combattre la tendance au mouvement oscillatoire à longues périodes ou du moins d'atténuer les écarts périodiques de la vitesse qui en sont la conséquence.

Telle est la conclusion principale que j'avais en vue en abordant la discussion précédente, discussion fort délicate de sa nature et surtout difficile à présenter avec clarté dans les termes généraux où j'ai cru devoir me renfermer.

5.

31. Tout cela bien compris, il nous reste à chercher les moyens pratiques d'amoindrir le plus possible le moment d'inertie des mécanismes des *fig.* 1, 2, 3 et 4, en leur conservant la même sensibilité statique.

Nous avons dit, au n° **21**, que E était inversement proportionnel à PL, et que, dans le cas où N ne varierait pas avec P, on pourrait modifier P et L sans changer E, pourvu que PL restât constant. Mais, dans la réalité, N croît avec P, et nous en avons conclu que PL ayant une valeur constante, il y avait avantage, pour la sensibilité, à faire L le plus grand possible. Nous avons ajouté que cette vérité, incontestable en envisageant la question seulement au point de vue statique, n'était plus admissible en la considérant au point de vue dynamique. C'est ce qu'il nous est facile maintenant de démontrer. En effet, le moment d'inertie de chaque boule du régulateur par rapport à l'axe de l'articulation O a pour valeur $\dfrac{PL^2}{g}$, en supposant la masse concentrée au centre de la sphère, et, par suite de la supposition de PL constant, il croît proportionnellement à la longueur L. Si donc on veut s'opposer aux fâcheux effets des oscillations à longues périodes, il importe de faire L le plus petit possible, contrairement aux idées généralement reçues (*). On est conduit par là, il est vrai, à augmenter P, et par suite le frottement de l'articulation O; mais, s'il en résulte pour E un léger accroissement, cet inconvénient, mis en balance avec les dangers considérables des oscillations à longues périodes, est en réalité de bien minime importance.

Il est cependant des cas où l'on pourrait, sans imprudence, chercher à accroître la sensibilité en donnant à L une assez grande longueur.

Tel serait, par exemple, celui d'une machine armée d'un volant de puissance considérable, et dans laquelle la variation du travail, moteur ou résistant, se ferait avec lenteur, au lieu de se produire brusquement et par quantités notables, comme on l'admet le plus ordinairement.

Il n'y a donc pas, sous ce rapport, à donner de règle générale, et l'on

---

(*) Ces conséquences ne sont rigoureuses que dans l'hypothèse où la masse est concentrée au centre de la sphère; dans une Note placée à la fin de ce Mémoire, je traite la question d'une manière complète, au point de vue analytique; je démontre qu'il existe une valeur de L correspondant à un minimum du moment d'inertie, mais que, en général, cette valeur est au-dessous des dimensions pratiques et que dès lors la condition de faire L aussi petit que possible n'en est pas en réalité modifiée.

devra, dans chaque application, tenir compte des circonstances particulières dans lesquelles on pourra se trouver.

32. Dans les numéros précédents, nous nous sommes préoccupés uniquement d'amoindrir le moment d'inertie des boules. Il n'est pas moins nécessaire de chercher à atteindre le même résultat relativement aux effets dus à l'inertie des poids x et y, dont sont chargées les articulations O'' et O' de la *fig.* 1. Or, l'examen du dispositif représenté dans cette figure y révèle bientôt une imperfection assez sérieuse au point de vue spécial dont nous nous occupons en ce moment. En effet, l'angle α restant compris entre zéro et $\frac{\pi}{4}$, la boule B' descend quand la boule B monte, et réciproquement. Le moment virtuel du poids de la boule B' est donc de signe contraire à ceux du poids de la boule B et des poids mobiles x et y. Telle est la cause de la présence dans le second membre de l'équation (2) (n° **9**) du seul terme négatif qui y soit contenu, présence dont les conséquences sont faciles à apercevoir.

Reportons-nous au contenu du n° **10**; l'équation (6) peut se mettre sous la forme $2\,xl - \mathrm{PL} = \mathrm{KPL}$, relation montrant avec évidence que, toutes choses égales d'ailleurs, la présence du terme négatif $-\mathrm{PL}$ entraîne l'augmentation du poids x agissant sur l'articulation O''. Si l'on pouvait faire en sorte de changer le signe de ce terme sans altérer le moment virtuel dû à la force centrifuge de la boule B', le poids x serait réduit de la quantité $\mathrm{P}\frac{\mathrm{L}}{l}$, et les effets dus à l'inertie de ce même poids subiraient une réduction correspondante.

La *fig.* 5 montre par quel moyen il est possible d'atteindre à ce résultat désirable.

Dans cette figure $AA'A''$ est toujours l'axe vertical du régulateur. OA est un bras fixé invariablement à l'axe $AA'A''$, et portant le centre O, sur lequel viennent s'articuler deux leviers coudés à angle droit COC', DOD', dont les quatre bras sont d'égale longueur.

Les extrémités C, D, C', D' de ces leviers sont articulées avec quatre tiges CO', DO', $C'O''$, $D'O''$ venant elles-mêmes s'articuler deux à deux en O', O'', de manière à former les deux losanges $CODO'$, $C'OD'O''$. Enfin les sommets O' et O'' sont maintenus sur la verticale passant par le point O, au moyen des bras $A'O'$, $A''O''$ portés par les douilles A', A'' mobiles le long de l'axe $AA'A''$.

Les centres des boules du régulateur sont fixés aux points B et B′ des côtés OC et OD′ des losanges. Nous admettrons, pour la simplicité, qu'elles sont de poids égal, ce qui entraîne l'égalité des distances OB et OB′.

33. Je pense inutile de rien ajouter à cette description pour montrer que le dispositif de la *fig.* 5 remplit bien le but que nous avions en vue.

En appliquant à ce dispositif le principe des vitesses virtuelles, comme nous l'avons fait au n° **9** pour celui de la *fig.* 1, on arrive sans difficulté à la condition suivante, nécessaire et suffisante pour assurer l'équilibre :

$$(21) \qquad \frac{\omega^2}{g} \mathrm{PL}\rho \,(\sin\alpha + \cos\alpha) = (\mathrm{PL} + 2yl)\sin\alpha + (\mathrm{PL} + 2xl)\cos\alpha.$$

En raisonnant sur cette équation comme nous l'avons fait au n° **10**, on trouve que pour rendre le régulateur isochrone, on doit avoir

$$(22) \qquad\qquad y = \mathrm{P}\,\frac{\mathrm{L}}{2l}\,(\mathrm{K} - 1),$$

$$(23) \qquad\qquad x = \mathrm{P}\,\frac{\mathrm{L}}{2l}\,(\mathrm{K} - 1),$$

et par suite

$$(24) \qquad\qquad \omega^2 = \frac{\mathrm{K}g}{\rho}.$$

Il résulte de là que les charges des points O′ et O″ sont ici égales entre elles et que la vitesse ω a la même valeur dans les mécanismes des *fig.* 1 et 5 en y donnant à K une même importance.

Quant à la valeur E de l'écart proportionnel de la vitesse, elle est évidemment celle donnée par l'équation (20), en y conservant aux différentes lettres la même signification qu'au n° **17**. Les régulateurs des *fig.* 1 et 5 ont donc une égale sensibilité statique.

34. En supposant K = 1, les équations (22) et (23) montrent que les charges x et y deviennent nulles. Les seules masses conservées dans le système sont, par suite, celles des boules elles-mêmes. On obtient ainsi ce résultat remarquable d'un régulateur parfaitement isochrone dans lequel non-seulement il n'est fait emploi ni de ressorts ni de contre-poids variables, mais encore où il n'existe aucune masse parasite en dehors de celles soumises à l'action de la force centrifuge.

Un régulateur dans de telles conditions est évidemment parfait au point de vue théorique, et jouit des qualités précieuses du régulateur dit *parabolique,* dont on a si vainement cherché jusqu'ici la réalisation pratique.

Dans la réalité, il est matériellement impossible de rendre x et y tout à fait nuls, car les losanges articulés et les douilles mobiles ne peuvent dans l'exécution se réduire à des lignes mathématiques. Mais on pourra toujours faire en sorte que x et y soient réduits à une très-faible valeur, et approcher ainsi beaucoup de la perfection idéale. L'impossibilité d'atteindre à cette perfection serait, du reste, la même pour toute autre espèce de régulateur, et notamment pour le régulateur parabolique, puisque, dans tous, les boules sont forcément reliées au mécanisme de la soupape régulatrice par l'intermédiaire de douilles mobiles et de tringles articulées dont le poids ne peut être nul.

33. L'hypothèse de $K = 1$, par laquelle nous avons pu annuler x et y, pourrait avoir dans certaines circonstances des inconvénients, dont on appréciera la réalité en se reportant à l'équation (20). K entre en effet comme facteur dans la dénomination de E, ce qui permet de maintenir la valeur de cette dernière quantité dans les limites voulues, en donnant au moment PL une valeur aussi faible qu'on voudra, à la condition de faire K suffisamment grand.

Il peut donc sembler intéressant de montrer par quels moyens on pourra réaliser l'annulation de x et y en donnant à K des valeurs supérieures à l'unité. Une réflexion bien simple montre que cela peut se faire sans difficulté. Reportons-nous à la *fig.* 5 et transportons-y, par la pensée, les centres des boules B et B′ en B_1 et B'_1, points placés sur les côtés CO′, D′O″ des losanges à des distances B_1C, $D'B'_1$ des sommets C et D′, égales aux distances BC, B′D′. Nous n'aurons rien changé aux moments virtuels des forces centrifuges, et cette translation aura seulement augmenté les moments virtuels des poids P des boules. Ces moments virtuels seront devenus $-P(2l-L)\cos\alpha\,d\alpha$, pour la boule dont le centre sera en B_1 et $-P(2l-L)\sin\alpha\,d\alpha$ pour celle dont le centre sera en B'_1.

Cela posé, en procédant comme aux n^{os} **9** et **33**, on trouvera sans peine, pour les conditions de l'isochronisme du régulateur modifié,

$$(25) \qquad y = x = \frac{PL}{2l}\left(K + 1 - \frac{2l}{L}\right) \quad \text{et} \quad \omega^2 = \frac{Kg}{\rho};$$

pour annuler y et x, on devra faire

$$(26) \qquad K = \frac{2l}{L} - 1.$$

Il suffira donc de régler convenablement le rapport $\frac{l}{L}$ pour donner à K telle valeur qu'on voudra. On doit observer cependant qu'en raison du diamètre ordinairement assez grand des boules et de la nécessité d'éviter la rencontre des losanges articulés avec l'axe du régulateur, l et L sont renfermées entre certaines limites qui ne permettent pas d'égaler K à un nombre quelconque. Mais, dans la réalité, c'est là un inconvénient de très-faible importance, la seule chose essentielle étant ici de pouvoir donner à K une valeur assez grande pour obtenir une réduction suffisante du poids des boules, si cela est nécessaire. Il sera toujours possible, en effet, de régler à volonté la vitesse ω, en choisissant ρ de manière à satisfaire à la relation

$$\rho = \frac{Kg}{\omega^2}.$$

Je n'insisterai pas davantage sur ces considérations dont le n° **39** nous prouvera bientôt le faible intérêt au point de vue pratique. La *fig.* 6 montre le régulateur transformé comme nous venons de l'indiquer ci-dessus. Pour ce dispositif, la valeur de E serait toujours donnée par l'équation (20). En y supposant $l = 2L$, ce qui correspond à des proportions assez convenables, on aurait

$$K = \frac{2l}{L} - 1 = 3,$$

nombre déjà considérable. Enfin si, contre toute probabilité, la valeur de K devait être très-supérieure à 3, on pourrait y arriver, sans accroître les valeurs de l et de L, par un artifice indiqué dans la *fig.* 7 dont il semble inutile de donner l'explication, tant elle est facile à comprendre.

36. Avant de passer outre, il me semble utile de résumer et de préciser ce qui vient d'être dit sur les moyens propres à amoindrir le moment d'inertie du mécanisme de nos régulateurs, moment pris, je tiens à le répéter, en tenant compte seulement du mouvement de ce mécanisme dans son plan de figure.

A cet effet, nous allons calculer les moments d'inertie des divers appareils décrits ci-dessus et les comparer entre eux.

Dans les appareils des *fig.* 1, 2, 3 et 4, le moment d'inertie des deux boules conjuguées est $2\dfrac{P}{g}L^2$. Il faut lui ajouter celui des poids x et y (*) que l'on peut déterminer de la manière suivante :

Les points O'', O' s'élèvent ou s'abaissent de $2l\cos\alpha\,d\alpha$, $2l\sin\alpha\,d\alpha$ pendant que le centre des boules parcourt le chemin élémentaire $L\,d\alpha$. Les vitesses de O'' et O' seront donc à celle du centre des boules comme $2l\cos\alpha$ et $2l\sin\alpha$ sont à L, et l'on conclut de là que l'inertie des poids x et y jouera dans le système le même rôle que des masses $\dfrac{x}{g}$ et $\dfrac{y}{g}$ qui tourneraient comme les boules autour du centre O, en seraient aux distances $2l\cos\alpha$ et $2l\sin\alpha$, et auraient pour moments d'inertie les valeurs

$$\frac{x}{g}\,(2l\cos\alpha)^2 \quad \text{et} \quad \frac{y}{g}\,(2l\sin\alpha)^2.$$

D'après cela, on aura

$$\frac{2}{g}\left[PL^2 + 2l^2(x\cos^2\alpha + y\sin^2\alpha)\right]$$

pour le moment d'inertie total de l'un des systèmes semblables à ceux de nos figures, et répartis en nombre n autour de l'axe vertical du régulateur, et par suite

$$\frac{2n}{g}\left[PL^2 + 2l^2(x\cos^2\alpha + y\sin^2\alpha)\right]$$

pour le moment d'inertie intégral des n systèmes réunis.

(*) Il est bon d'expliquer ici une contradiction apparente entre la définition de x et y donnée au n° 8 et celle du présent numéro. Dans le n° 8, x et y sont, non des poids, mais des efforts verticaux agissant de haut en bas, et cette définition était indispensable en se plaçant à un point de vue général, car il est des cas où x et y ne sont pas des poids effectifs suspendus en O'' et O', ainsi que cela a lieu évidemment dans les régulateurs sur lesquels portent en ce moment nos études.

6

En appelant I ce moment d'inertie intégral, nous aurons donc

$$(27) \qquad I = \frac{2n}{g}\left[PL^2 + 2\,l^2\,(x\cos^2\alpha + y\sin^2\alpha)\right].$$

Appliquons cette formule aux différents dispositifs que nous avons décrits.

Pour ceux des *fig.* 1, 3 et 4, on a, d'après les équations (5) et (6) du n° **10**,

$$y = P\frac{L}{2l}(K-1), \quad x = P\frac{L}{2l}(K+1).$$

En substituant ces valeurs de x et y dans (27), et désignant par I_1 la valeur correspondante de I, il vient

$$I_1 = \frac{2n\,PL}{g}\left\{L + l\left[(K+1)\cos^2\alpha + (K-1)\sin^2\alpha\right]\right\},$$

ou, en simplifiant,

$$(28) \qquad I_1 = \frac{2n\,PL}{g}\left[L + l(K + \cos 2\alpha)\right].$$

Pour le cas de la *fig.* 5, nous avons trouvé au n° **33**

$$y = x = P\frac{L}{2l}(K-1)\,;$$

en substituant dans le n° **33** cette valeur de x et y, nous aurons, pour la valeur I_2 du moment I,

$$(29) \qquad I_2 = \frac{2n\,PL}{g}\left[L + l(K-1)\right],$$

résultat remarquable, puisqu'il montre que, dans le cas actuel, le moment d'inertie est constant et indépendant de l'angle α.

37. Les formules (28) et (29) prouvent que le moment d'inertie est sensiblement moindre dans le système de la *fig.* 5 que dans ceux des *fig.* 1, 3 et 4, résultat conforme à ce que nous savions déjà. Il semblerait cependant que la valeur de I_1 peut se rapprocher beaucoup de celle de I_2, en supposant α très-près de 90 degrés. Mais il est facile de reconnaître qu'une telle hypothèse est inadmissible, et nous pouvons dire, dès à présent, qu'en tenant compte de toutes les circonstances qui influent sur l'action du régulateur, il semble convenable en général de donner à α une valeur s'éloignant peu de 45 degrés, $\cos^2 \alpha$ est alors très-près de zéro et le moment I, très-près de la valeur $\frac{2n\mathrm{PL}}{g}(\mathrm{L} + l\mathrm{K})$.

Proposons-nous de chercher maintenant les conditions à remplir pour rendre la plus faible possible la valeur de I, en conservant au régulateur la même sensibilité statique, ou, ce qui revient au même, sans changer la valeur de E donnée par l'équation (20).

En admettant que N soit invariable, ce que l'on peut faire sans grande erreur, d'après les motifs déjà indiqués au n° **20**, la constance de E nécessite celle du produit $n\mathrm{KPL}$. Nous aurons donc, en désignant ce produit par la constante C,

$$(30) \qquad n\mathrm{KPL} = \mathrm{C}, \quad \text{d'où} \quad n\mathrm{PL} = \frac{\mathrm{C}}{\mathrm{K}}.$$

Portant cette valeur de $n\mathrm{PL}$ dans (28) et (29), on obtient

$$(31) \qquad I_1 = \frac{2c}{g\mathrm{K}}\left[\mathrm{L} + l(\mathrm{K} + \cos 2\alpha)\right] = \frac{2c}{g}\left(l + \frac{\mathrm{L} + l\cos 2\alpha}{\mathrm{K}}\right),$$

$$(32) \qquad I_2 = \frac{2c}{g\mathrm{K}}\left[\mathrm{L} + l(\mathrm{K} - 1)\right] = \frac{2c}{g}\left(l - \frac{l - \mathrm{L}}{\mathrm{K}}\right).$$

L'équation (31) montre qu'il y aurait lieu, dans les régulateurs des *fig.* 1, 3 et 4, de faire K le plus grand possible.

Dans la *fig.* 5, l est plus grand que L, et par suite $l - \mathrm{L}$ est positif: l'équation (32) montre donc que, dans les régulateurs de cette espèce, K doit être fait le plus petit possible. Le mieux serait donc de faire $\mathrm{K} = 1$, si cela était possible, solution dont nous avons déjà montré les avantages au n° **34**, en reconnaissant qu'elle n'était pas réalisable en toute rigueur. Dans la réalité, on pourra toujours régler les choses de telle sorte que K reste au-dessous de $\frac{3}{2}$, et nous admettrons ce chiffre comme conciliant d'une manière satisfaisante les exigences de l'exécution pratique avec celles de la théorie.

6.

38. Pour nous faire une idée plus claire de l'importance relative de I_1 et de I_2, calculons-en les valeurs numériques dans quelques cas particuliers.

Supposons par exemple $l = 2L$, $\alpha = 45°$, hypothèses très-convenables pour la pratique, il viendra alors, en divisant I_1 par I_2, et désignant par K_1 et K_2 les valeurs particulières données à K dans I_1 et I_2,

$$(33) \qquad \frac{I_1}{I_2} = \frac{1 + \frac{1}{2K_1}}{1 - \frac{1}{2K_2}}.$$

Au point de vue de la théorie, la valeur la plus avantageuse de K_2 est l'unité. Dans cette hypothèse, (33) devient

$$(34) \qquad \frac{I_1}{I_2} = 2 + \frac{1}{K_1},$$

d'où l'on conclut que le moment d'inertie I_1 est pour le moins double de I_2 et peut même devenir trois fois plus grand que lui en faisant $K_1 = K_2 = 1$, c'est-à-dire en donnant aux régulateurs examinés comparativement une même vitesse ω.

Nous avons montré qu'il y a lieu en réalité de faire $K_2 > 1$ et de lui donner par exemple la valeur $\frac{3}{2}$. La formule (33) devient alors

$$(35) \qquad \frac{I_1}{I_2} = \frac{3}{2} + \frac{3}{4K_1} = \frac{3}{4}\left(2 + \frac{1}{K_1}\right),$$

d'où l'on conclut que le moment I_1 est au minimum dans le rapport de 3 à 2 avec I_2 et que, si l'on suppose la même vitesse aux régulateurs, c'est-à-dire $K_1 = K_2 = \frac{3}{2}$, I_1 devient double de I_2.

L'importance des chiffres trouvés ci-dessus explique suffisamment l'insistance avec laquelle je me suis efforcé de mettre en relief le rôle joué par les moments d'inertie dans la réglementation de la vitesse.

En dernière analyse, dans tous les cas où l'on peut craindre les oscillations à longues périodes, on devra employer le régulateur de la *fig.* 5 de préférence à ceux des figures antérieures, et ce régulateur devra être combiné de manière à faire K le plus petit possible.

39. En se rappelant la relation (3o), c'est-à-dire $n\mathrm{PL} = \dfrac{c}{\mathrm{K}}$, on voit que la réduction de K au minimum entraîne la nécessité de donner à nPL une importance plus grande pour obtenir la régularité statique voulue. Comme d'ailleurs nous avons montré qu'il est bon de faire L le plus petit possible dans le but de réduire le moment d'inertie des boules, c'est la valeur de nP, c'est-à-dire du poids de l'ensemble des boules, qui seul croîtra par suite de la réduction reconnue utile de K et de L.

Il sera en général possible d'obtenir pour le poids P des proportions acceptables en choisissant n suffisamment grand. Mais s'il n'en était pas ainsi, ou bien si l'on tenait à ne pas compliquer le régulateur en multipliant au delà d'un certain point le nombre des boules, on serait conduit forcément à accroître le nombre K, et, dans de semblables circonstances, on pourra recourir au dispositif de la *fig.* 6. Le moment d'inertie de ce dispositif se calculera de la manière suivante.

En désignant par ds le chemin élémentaire parcouru par l'une des boules, on trouve sans difficulté

$$(36) \qquad \overline{ds}^{\,2} = \mathrm{L}^2 \,\overline{d\alpha}^{\,2} \left[\sin^2 \alpha + \left(\frac{2l}{\mathrm{L}} - 1 \right)^2 \cos^2 \alpha \right],$$

et, par suite, le moment d'inertie de deux boules conjuguées aura pour valeur

$$\frac{2\,\mathrm{PL}^2}{g} \left[1 + \frac{2l}{\mathrm{L}} \left(\frac{2l}{\mathrm{L}} - 2 \right) \cos^2 \alpha \right];$$

en ajoutant à cette valeur celle du moment d'inertie des poids x et y, qui est toujours

$$\frac{4\,l^2}{g} \left(x\cos^2 \alpha + y \sin^2 \alpha \right);$$

puis, multipliant cette somme par n, on aura le moment d'inertie intégral du régulateur. En désignant par I_3 ce moment, on trouve

$$(37) \quad \mathrm{I}_3 = \frac{2n}{g} \left\{ \mathrm{PL}^2 \left[1 + \frac{2l}{\mathrm{L}} \left(\frac{2l}{\mathrm{L}} - 2 \right) \cos^2 \alpha \right] + 2\,l^2 \left(x\cos^2 \alpha + y \sin^2 \alpha \right) \right\};$$

mais, d'après l'équation (25), on a, dans le cas actuel,

$$x = y = \frac{\mathrm{PL}}{2l} \left(\mathrm{K} + 1 - \frac{2l}{\mathrm{L}} \right).$$

Portant ces valeurs de x et y dans (37), il vient donc

$$(38) \qquad I_3 = \frac{2n\,\mathrm{PL}}{g}\left\{ \mathrm{L}\left[1 + \frac{2l}{\mathrm{L}}\left(\frac{2l}{\mathrm{L}} - 2 \right)\cos^2\alpha \right] + l\left(\mathrm{K} + 1 - \frac{2l}{\mathrm{L}} \right) \right\}.$$

En faisant, comme aux n°ˢ **37** et **38**,

$$n\,\mathrm{KPL} = \mathrm{C}, \quad l = 2\mathrm{L} \quad \text{et} \quad \alpha = 45°,$$

d'où

$$\cos^2\alpha = \frac{1}{2},$$

on aura

$$(39) \qquad I_3 = \frac{2\,c\,\mathrm{L}}{g}\left(2 - \frac{1}{\mathrm{K}} \right).$$

Cette expression de I_3 est identique avec celle que l'on trouverait pour I_2 en faisant $l = 2\mathrm{L}$ dans l'équation (32); il résulte de là, ainsi que nous l'avions fait pressentir au n° **35**, que le dispositif de la *fig.* 6 est sans intérêt réel au point de vue dont nous nous occupons ici. En effet, pour une même valeur de K les moments d'inertie sont les mêmes dans les *fig.* 5 et 6, et dès lors il est plus simple d'augmenter les poids x et y dans la première de ces figures que de reporter les boules sur les côtés supérieur et inférieur des losanges, comme nous l'avons fait dans la *fig.* 6 et *à fortiori* dans la *fig.* 7.

Concluons donc de toute cette discussion que le régulateur de la *fig.* 5 doit être préféré à tous les autres comme réalisant la solution la plus parfaite, la plus générale et la plus pratique du problème que nous avions en vue.

C'est seulement dans les cas où les effets des oscillations à longue période ne seraient pas à redouter et où l'on se préoccuperait avant tout de simplifier la construction du régulateur qu'il pourra y avoir lieu de remplacer le dispositif de la *fig.* 5 par celui de la *fig.* 3, qui est certainement le type le plus simple des régulateurs à boules conjuguées.

40. La méthode par laquelle il nous a été possible de déterminer les conditions de l'isochronisme n'est nullement particulière aux régulateurs décrits ci-dessus. Elle a au contraire un très-grand caractère de généralité

que je crois bon de faire ressortir avant d'aller plus loin. Pour l'appliquer à
des régulateurs autres que ceux à boules conjuguées, il suffirait de remplacer
la seconde boule, dont l'introduction nous a permis d'annuler dans l'équation d'équilibre, le terme proportionnel à $\sin\alpha\cos\alpha$, par des ressorts, des
contre-poids variables ou quelque autre moyen conduisant au même résultat. Après la suppression du terme en $\sin\alpha\cos\alpha$, on obtiendrait toujours
une équation ayant la plus grande analogie avec l'équation (2) et pouvant
se traiter de la même manière.

On trouverait donc sans aucune difficulté les valeurs à donner à certains
éléments du système laissés jusque-là indéterminés, pour en assurer l'isochronisme. Ces éléments laissés d'abord indéterminés peuvent, d'ailleurs,
être choisis suivant les convenances propres à chaque application spéciale.
C'est ce qu'il serait facile de mettre en complète évidence, en appliquant la
méthode à un certain nombre d'exemples particuliers. Mais pour éviter des
longueurs inutiles, je crois devoir me borner à en citer un seul à titre de
spécimen.

41. Choisissons le dispositif de la *fig.* 5, et cherchons s'il serait possible
de le simplifier, en le débarrassant de la douille inférieure A$'$ et du losange ODO$'$C. Par suite de cette simplification la *fig.* 5 sera remplacée par
la *fig.* 8, et nous aurons annulé le poids variable agissant en O$'$, poids qui
était une des constantes arbitraires à l'aide desquelles nous avons jusqu'ici
assuré l'isochronisme. Il nous faudra donc remplacer cette constante arbitraire par une autre.

Reportons-nous au n° **9**, et rappelons que, pour annuler le terme en
$\sin\alpha\cos\alpha$, on doit satisfaire à la condition

$$PL^2 = QL_1^2,$$

P étant le poids de la boule B, L la distance de son centre au point O, Q et L$_1$
les quantités correspondantes pour la boule B$'$.

Mais pour satisfaire à cette condition, il n'est pas indispensable de supposer, comme nous l'avons fait jusqu'à présent, les valeurs de P et Q égales
entre elles. Nous pouvons donc prendre pour seconde variable arbitraire

le rapport $\dfrac{L}{L_1}$, que nous désignerons par Z. En vertu de $PL^2 = QL_1^2$, nous aurons dès lors

$$(40) \qquad\qquad Q = P\dfrac{L^2}{L_1^2} = PZ^2.$$

Le moment virtuel des forces centrifuges deviendra

$$\dfrac{\omega^2 \rho}{g}\,d\alpha\,(PL\cos\alpha + QL_1\sin\alpha) = \dfrac{\omega^2 \rho}{g}\,PL\,(\cos\alpha + Z\sin\alpha)\,d\alpha.$$

Les moments virtuels des différents poids seront

$$\begin{aligned}
& - PL\sin\alpha\,d\alpha, && \text{pour P,} \\
& - QL_1\cos\alpha\,d\alpha = -PLZ\cos\alpha\,d\alpha, && \text{pour Q,} \\
& - 2xl\cos\alpha\,d\alpha, && \text{pour } x,
\end{aligned}$$

et par suite on aura pour l'équilibre

$$(41)\qquad \dfrac{\omega^2 \rho}{g}\,PL\,(\cos\alpha + Z\sin\alpha) = PL\sin\alpha + (2xl + PLZ)\cos\alpha.$$

Pour l'isochronisme, les coefficients de $\sin\alpha$ et de $\cos\alpha$ doivent s'annuler, ce qui donne

$$(42)\qquad\qquad \dfrac{\omega^2 \rho}{g}\,Z = 1,$$

$$(43)\qquad\qquad \dfrac{\omega^2 \rho}{g}\,PL = 2xl + PLZ;$$

ω doit conserver une valeur constante, et cette condition sera satisfaite si l'on égale $\dfrac{\omega^2 \rho}{g}$ à un nombre invariable K que l'on pourra d'ailleurs choisir comme on le voudra. Les conditions nécessaires pour assurer l'isochronisme deviendront alors

$$(44)\qquad\qquad \dfrac{\omega^2 \rho}{g} = K, \quad \text{d'où} \quad \omega^2 = \dfrac{Kg}{\rho};$$

$$(45)\qquad\qquad KZ = 1, \quad \text{d'où} \quad Z = \dfrac{1}{K};$$

$$(46)\qquad 2xl = PL\,(K - Z), \quad \text{d'où} \quad x = \dfrac{PL}{2l}\left(K - \dfrac{1}{K}\right).$$

Tous les éléments du régulateur se trouveront ainsi déterminés, et pourront se calculer avec la plus grande facilité.

Faisons par exemple $K = \dfrac{3}{2}$, on trouve :

En vertu de (44)

$$\omega^2 = \frac{3g}{2\rho};$$

En vertu de (45)

$$L_1 = \frac{3}{2} L;$$

En vertu de (40)

$$Q = PZ^2 = \frac{4}{9} P;$$

En vertu de (46)

$$X = \frac{5}{6} \frac{PL}{2l}.$$

Le régulateur de la *fig.* 8, dont nous venons de calculer les proportions, jouirait évidemment, par rapport à celui de la *fig.* 3, d'avantages analogues à ceux reconnus au régulateur de la *fig.* 5, par rapport à celui de la *fig.* 1.

42. Pour éviter dans nos équations une complication nuisible à la clarté, nous avons supposé, dans tout ce qui précède, que les tiges formant les côtés de nos losanges articulés étaient de simples lignes mathématiques. Le moment est venu de rentrer dans la réalité et d'introduire dans nos formules les termes nouveaux dus à l'intervention des masses de ces tiges, que nous supposerons être des prismes de section uniforme.

Afin de préciser les idées, je raisonnerai d'abord sur le dispositif de la *fig.* 5, ou sur celui de la *fig.* 9, qui est une répétition de la première, en y supprimant les boules.

Pour procéder avec ordre, j'ai décomposé la *fig.* 9 en quatre régions ou cadrans, numérotés 1, 2, 3, 4, et formés par la verticale O′O″ et l'horizontale AOX. Je vais calculer successivement les moments virtuels des forces centrifuges et des poids relatifs aux deux tiges comprises dans chacun de ces cadrans.

Commençons par le cadran 1. Soit M le centre d'une partie élémentaire du prisme constituant la tige OC′. En désignant par ε le poids du mètre courant de ce prisme, et par u la distance du point M au point O, le poids de la partie élémentaire M sera $\varepsilon\, du$, et l'on aura, pour le moment virtuel de la force centrifuge correspondante,

$$- \frac{\varepsilon\, du}{g}\, \omega^2\, (\rho + u\cos\alpha)\, u\sin\alpha\, d\alpha.$$

Le moment virtuel de la force centrifuge relative à l'élément de la tige O″C′, dont le centre serait au point M′ symétrique de M, aura évidemment la même valeur que le précédent. La somme de ces moments virtuels sera donc

$$- \frac{2\varepsilon\omega^2}{g}\, (\rho + u\cos\alpha)\, u\sin\alpha\, d\alpha\, du.$$

Pour avoir le moment virtuel des forces centrifuges de l'ensemble des deux tiges OC′, C′O″, il suffit d'intégrer par rapport à u l'expression précédente depuis $u = l$ jusqu'à $u = o$. On obtient ainsi l'intégrale indéfinie

$$- \frac{2\omega^2}{g}\, \varepsilon u^2 \sin\alpha\, d\alpha \left(\frac{\rho}{2} + \frac{u\cos\alpha}{3} \right).$$

En prenant cette intégrale entre les limites indiquées et désignant par m_1 le moment virtuel des forces centrifuges agissant sur nos deux tiges, on obtient

$$m_1 = - \frac{2\omega^2}{g}\, \varepsilon l^2 \sin\alpha\, d\alpha \left(\frac{\rho}{2} + \frac{l\cos\alpha}{3} \right),$$

ou bien, en remarquant que εl est le poids de l'une des tiges et appelant p ce poids,

$$m_1 = - \frac{2\omega^2}{g}\, pl\sin\alpha\, d\alpha \left(\frac{\rho}{2} + \frac{l\cos\alpha}{2} \right).$$

Quant au moment virtuel du poids des deux tiges dont nous nous occupons ici, il se détermine encore plus facilement. On reconnaît de suite, en effet, qu'il est égal à celui d'un poids $2p$ équivalent à celui des deux tiges réunies, et qui serait concentré au point C′, ou bien encore à celui p d'une seule tige concentré au point O″. En désignant ce moment par μ_1, on aura

$$\mu_1 = 2pl\cos\alpha\, d\alpha.$$

On trouverait sans plus de difficulté les moments virtuels des forces centrifuges et des poids des tiges comprises dans les trois autres cadrans. En désignant ces moments par les lettres m et μ, affectées des indices 1, 2, 3, 4 suivant qu'ils se rapportent aux cadrans portant les mêmes chiffres, on trouve finalement

$$(47) \qquad m_1 = \frac{2\omega^2}{g} pl \sin\alpha\, d\alpha \times - \left(\frac{p}{2} + \frac{l\cos\alpha}{3} \right),$$

$$(48) \qquad \mu_1 = 2pl \cos\alpha\, d\alpha,$$

$$(49) \qquad m_2 = \frac{2\omega^2}{g} pl \sin\alpha\, d\alpha \times \left(\frac{p}{2} - \frac{l\cos\alpha}{3} \right),$$

$$(50) \qquad \mu_2 = - 2pl \cos\alpha\, d\alpha,$$

$$(51) \qquad m_3 = \frac{2\omega^2}{g} pl \cos\alpha\, d\alpha \times - \left(\frac{p}{2} - \frac{l\sin\alpha}{3} \right),$$

$$(52) \qquad \mu_3 = - 2pl \sin\alpha\, d\alpha,$$

$$(53) \qquad m_4 = \frac{2\omega^2}{g} pl \cos\alpha\, d\alpha \times \left(\frac{p}{2} + \frac{l\sin\alpha}{3} \right),$$

$$(54) \qquad \mu_4 = - 2pl \sin\alpha\, d\alpha.$$

43. Pour obtenir la condition d'équilibre du régulateur de la *fig.* 5, en tenant compte de la masse de ses tiges, on devra introduire les divers moments virtuels que nous venons de calculer dans l'équation générale donnée par le principe des vitesses virtuelles. Mais il est facile de voir que, dans le cas actuel, l'équation (21), obtenue en supposant les tiges réduites à des lignes mathématiques, ne sera pas de fait modifiée par cette introduction. En effet, en additionnant membre à membre les quatre équations (47), (49), (51), (53), on trouve

$$(55) \qquad m_1 + m_2 + m_3 + m_4 = 0,$$

qui montre que les effets des forces centrifuges des tiges se détruisent dans le système de la *fig.* 5. C'est là une propriété remarquable qui vient ajouter une qualité de plus à toutes celles que nous avons déjà fait ressortir en faveur de l'adoption de ce système.

Quant au moment virtuel total des poids tiges, il est égal à

$$\mu_1 + \mu_2 + \mu_3 + \mu_4 = 4pl(\sin\alpha + \cos\alpha)\, d\alpha.$$

En le portant dans l'équation d'équilibre (21), celle-ci deviendra

$$(56) \quad \begin{cases} \dfrac{\omega^3}{g}\,\mathrm{PL}\rho\,(\sin\alpha + \cos\alpha) \\[2mm] = [\mathrm{PL} + 2l(y + 2p)]\sin\alpha + [\mathrm{PL} + 2l(x + 2p)]\cos\alpha; \end{cases}$$

elle en diffère seulement par l'addition du poids $2p$ à chacune des variables x et y, et comme rien ne nous empêche d'admettre que ces dernières sont remplacées par d'autres x', y' comprenant implicitement le poids additionnel $2p$, telles par conséquent que l'on ait $x' = x + 2p$, $y' = y + 2p$, on voit qu'en réalité l'équation (56) ne différera pas de (21), et que dès lors tout ce qui a été dit du régulateur de la *fig.* 5, abstraction faite de la masse des tiges, reste entièrement vrai après l'introduction de cette masse.

Il suffit, pour éviter toute confusion, de ne pas oublier que les poids x et y sont chacun la somme du poids de deux des tiges et de celui dont pèsent sur les articulations O'' et O' les douilles mobiles A'' et A', armées de leurs bras $A''O''$, $A'O'$.

Si l'on nomme X, Y les poids de ces douilles armées de leurs bras, les charges résultantes pour les articulations O'', O' seront $\dfrac{X}{n}$, $\dfrac{Y}{n}$, n étant toujours le nombre des systèmes répartis autour de l'axe du régulateur. Nous aurons, en conséquence,

$$x = \frac{X}{n} + 2p, \quad y = \frac{Y}{n} + 2p,$$

et les conditions de l'isochronisme données par les équations (22) et (23) du n° **35**, deviendront

$$(57) \qquad X = Y = n\left[P\,\frac{2l}{L}(K - 1) - 2p \right],$$

à l'aide desquelles le poids des douilles armées se trouve déterminé, quand celui p de chaque tige est connu.

44. Considérons maintenant le dispositif de la *fig.* 8, en y tenant compte de la masse des tiges. Les moments virtuels des forces centrifuges de ces tiges seront m_1, m_2 et $\dfrac{m_3}{2}$, en admettant que la tige qui porte la boule P ait la même longueur l que les autres. La somme de ces moments virtuels sera

$$(58) \qquad m_1 + m_2 + \tfrac{1}{2} m_4 = -\frac{\omega^2}{g} p l^2 \sin\alpha \cos\alpha \, d\alpha + \frac{\omega^2}{g} p \frac{l\rho}{2} \cos\alpha \, d\alpha.$$

On aura pour la somme des moments virtuels de leurs poids

$$(59) \qquad \mu_1 + \mu_2 + \tfrac{1}{4} \mu_4 = - p l \left(\frac{\sin\alpha}{2} + 4\cos\alpha \right) d\alpha.$$

En introduisant ces deux sommes dans l'équation générale de l'équilibre, on trouvera que la condition indispensable pour y faire disparaître le terme multiplié par $\sin\alpha \cos\alpha$ n'est plus $PL_2 = QL_1^2$, mais

$$(60) \qquad PL^2 = QL_1^2 + p l^2.$$

Cette condition étant satisfaite, l'équation d'équilibre devient

$$(61) \quad \left\{ \begin{aligned} &\frac{\omega^2}{g} \rho \left[\left(PL + \frac{\rho l}{2} \right) \cos\alpha + QL_1 \sin\alpha \right] \\ &\quad = \left(PL + \frac{\rho l}{2} \right) \sin\alpha + \left[QL_1 + 2l(x + 2p) \right] \cos\alpha. \end{aligned} \right.$$

En égalant à zéro les coefficients de $\sin\alpha$ et de $\cos\alpha$, on a pour conditions de l'isochronisme

$$\frac{\omega^2}{g} \rho \left(PL + \frac{\rho l}{2} \right) = PL + \frac{\rho l}{2},$$

d'où l'on tire, en faisant $\dfrac{\omega^2}{g} \rho = K$,

$$(62) \qquad QL_1 = \frac{PL + \frac{\rho l}{2}}{K},$$

$$(63) \qquad x = \left(K - \frac{1}{K} \right) \left(\frac{PL + \frac{\rho l}{2}}{2l} \right) - 2p,$$

puis, portant la valeur de QL dans (60) on a

$$(64) \qquad L_1 = \frac{K(PL^2 - pl^2)}{PL + \frac{\rho l}{2}},$$

et, par suite,

$$(65) \qquad Q = \frac{\left(PL + \frac{pl}{2}\right)^2}{K^2\,(PL^2 - pl^2)}.$$

Au moyen de ces équations Q, L et x sont déterminés et le problème de l'isochronisme se trouve résolu.

Je n'insisterai pas davantage sur de semblables calculs, la méthode à suivre étant la même dans les cas divers que l'on voudrait examiner, et toute la difficulté consistant dans le maniement d'équations plus ou moins compliquées.

Je ferai observer néanmoins, avant de finir sur ce sujet, que la complication des formules, dans les cas où l'on tient compte de la masse des tiges, les rend peu propres aux usages de la pratique, pour lesquels une grande simplicité est une qualité de premier ordre. Aussi dans les applications on fait généralement abstraction des termes secondaires dus à la masse des tiges, termes en réalité de faible valeur relative en raison de l'importance considérable de la masse des boules. On ne peut disconvenir cependant qu'il serait préférable de faire usage de formules rigoureusement exactes, et cette réflexion est un nouvel argument en faveur du régulateur de la *fig.* 5, dans lequel, ainsi que nous l'avons vu, les effets de la force centrifuge sur les tiges s'annulent complétement.

45. Le but que je me proposais dans le présent Mémoire se trouve maintenant atteint. Après avoir établi d'une manière générale les principes à l'aide desquels on peut assurer l'isochronisme des régulateurs, et fait ressortir la nécessité d'amoindrir le plus possible le moment d'inertie de leur mécanisme (abstraction faite de son mouvement général de rotation autour de l'axe vertical), j'ai montré comment on pouvait satisfaire à cette double condition par l'emploi du système de régulateur, dit *à boules conjuguées*. Pour faire voir la fécondité de ce nouveau système, j'ai décrit et discuté plusieurs dispositifs en dérivant. Enfin cette discussion, qu'on ne trouvera pas trop longue, je l'espère, si l'on tient compte des vérités nouvelles mises en lumière dans un sujet jusqu'ici inexploré, m'a permis de démontrer les propriétés remarquables de l'un des dispositifs examinés, propriétés telles, qu'il peut être considéré comme donnant, dans les limites du possible, une solution complète du problème de l'établissement des régulateurs à force centrifuge.

Mon but, je le répète, est donc atteint, et je pourrais clore ici ce Mémoire. Je ne veux pas le faire cependant sans présenter une dernière observation pour éviter un malentendu possible.

Tous les auteurs qui ont parlé de la théorie du régulateur ont admis plus ou moins implicitement que l'on pouvait, dans un but de simplification, regarder comme constante la résultante N des résistances passives. La formule (20) du n° 17 montre à quelles conséquences inadmissibles on pourrait être conduit en maintenant cette hypothèse inexacte. En effet, si N était constant, on pourrait donner au régulateur une sensibilité presque infinie en réglant l'arc décrit par les boules de telle sorte que l'angle α restât très-près de la valeur $\frac{\pi}{4}$, car alors le terme $1 + \mathrm{tang}\,\alpha_m$, qui est facteur dans le dénominateur de E, prendrait une importance très-considérable. La discussion théorique de N montrerait combien un tel résultat et l'hypothèse dont il est la conséquence sont inexacts, mais elle nécessiterait l'étude des diverses résistances passives dont la résultante est N, étude comportant des développements considérables, et que par ce motif je crois devoir réserver pour une communication ultérieure. Cet ajournement ne pouvait d'ailleurs qu'être favorable à la clarté du Mémoire actuel, et il était sans inconvénient réel au point de vue des applications, du moment où j'ai donné (n° 18) une méthode expérimentale pour mesurer la valeur de la fraction $\dfrac{N_m}{1 + \mathrm{tang}\,\alpha_m}$.

46. Pour ne pas laisser la théorie que je viens d'exposer à l'état purement spéculatif, j'ai fait construire deux régulateurs à boules conjuguées qui ont figuré à l'Exposition universelle. Dans l'un d'eux, j'ai réalisé le régulateur de la *fig.* 5, type le plus parfait de tous sans contredit. L'autre est le type de la *fig.* 3. Il répond surtout aux cas où, se préoccupant moins de la perfection théorique, on voudrait obtenir un appareil robuste et très-simple de construction.

NOTE SUR LES MOMENTS D'INERTIE.

J'ai montré, dans le n° **31**, l'utilité de rendre minimum le moment d'inertie de l'ensemble des boules, tout en maintenant constant le moment de leur poids, c'est-à-dire la quantité $n\mathrm{PL}$ ou $n\mathrm{M}g\mathrm{L}$, dans laquelle M représente la masse de l'une des boules ; je me propose, dans cette Note, de traiter complétement cette question.

Le moment d'inertie des n systèmes de boules conjuguées de rayon r et dont le centre est à la distance L de l'axe a pour valeur

$$ \mathrm{I} = 2\,n\mathrm{M}\left(\frac{2}{5}\,r^2 + \mathrm{L}^2 \right). $$

Introduisons la condition de la constance du moment du poids qui est

$$ n\mathrm{M}g\mathrm{L} = c, $$

ou, en désignant par φ la densité des boules,

$$ \frac{4}{3}\,n\pi\,r^3\varphi\mathrm{L} = c, $$

et, à cet effet, remplaçons, dans la valeur de I, M par $\dfrac{c}{ng\mathrm{L}}$ et r^2 par $\left(\dfrac{3c}{4\,n\,\pi\varphi\mathrm{L}} \right)^{\frac{2}{3}}$; on trouve

$$ (1) \qquad \mathrm{I} = \frac{2c}{g}\left[\frac{2}{5}\left(\frac{3c}{4\,n\,\pi\varphi} \right)^{\frac{2}{3}} \frac{1}{\mathrm{L}^{\frac{5}{3}}} + \mathrm{L} \right]. $$

Si nous supposons que n ait une valeur fixée, on voit que le moment d'inertie ne varie pas proportionnellement à L, ainsi que cela a lieu si l'on néglige les dimensions des boules, mais que, infini pour $\mathrm{L} = \infty$, il redevient infini pour $\mathrm{L} = 0$, en sorte qu'il existe une valeur particulière de L pour laquelle il est minimum ; nous allons calculer cette valeur.

Pour simplifier les écritures, posons

$$ \frac{2}{5}\left(\frac{3c}{4\,n\,\pi\varphi} \right)^{\frac{2}{3}} = \mathrm{A} : $$

l'équation (1) devient

$$I = \frac{2c}{g}\left(A\ \frac{1}{L^{\frac{5}{3}}} + L \right),$$

et la valeur L_1 qui correspond au minimum sera donnée par la relation suivante, obtenue en exprimant que la dérivée par rapport à L est nulle :

$$L_1^8 = \left(\frac{5}{3}\right)^3 A^3,$$

ou, en remplaçant A par sa valeur,

$$L_1^8 = \left(\frac{5}{3}\right)^3 \frac{8}{125}\ \frac{9}{16}\ \frac{c^2}{n^2\pi^2\varphi^2}.$$

Donnons à φ la valeur $7,500$ qui s'applique à la fonte, extrayons la racine carrée des deux membres, et effectuons les calculs numériques, nous trouvons

$$L_1^4 = \frac{1}{57600}\ \frac{c}{n} \quad \text{ou} \quad L_1 = \frac{1}{15,45}\ \sqrt[4]{\frac{c}{n}}.$$

La valeur de l'écart proportionnel est

$$E = \frac{Nl}{Kc}\ \frac{1}{1+\tan g\,\alpha};$$

en supposant $\alpha = 45°$, on aura donc

$$c = \frac{Nl}{2KE};$$

par suite on a

$$L_1 = \frac{1}{15,45}\ \sqrt[4]{\frac{Nl}{2KEn}}.$$

Pour nous rendre compte des valeurs de L_1 dans les applications, nous allons faire le calcul numérique en faisant les hypothèses extrêmes donnant à L sa plus grande valeur,

$$N = 4^k, \quad l = 0,25, \quad E = \frac{1}{30} :$$

on trouve

$$L_1 = 0,127 \sqrt[4]{\dfrac{1}{Kn}}\cdot$$

Il faut remarquer que, dans la pratique, n est nécessairement au moins 2 ; d'un autre côté, nous supposons que K ne soit jamais inférieur à l'unité ; le minimum de K n est donc 2, et, par suite, la plus grande longueur que puisse avoir L_1, dans les conditions admises, est $0,127 \sqrt[4]{\dfrac{1}{2}}$ ou $0,107$. Cette dimension conviendrait difficilement à l'exécution ; elle serait encore plus petite, dans la plupart des cas, puisqu'en général n sera supérieure à 2, en sorte que l'on peut conclure qu'il n'est pas possible pratiquement de donner à L la valeur qui convient au minimum du moment d'inertie, et que tout ce que l'on peut faire est de s'en rapprocher le plus possible, en réduisant, autant que l'on peut, la longueur du bras du levier.

Note extraite des Comptes rendus de l'Académie des Sciences,
séance du 20 mai 1867.

« J'apprends aujourd'hui même, 20 mai, par une communication de MM. Gand et Guilloteaux, qu'un brevet a été pris en leur nom, le 20 juin 1866, pour un régulateur ayant une assez grande analogie avec l'un des dispositifs décrits dans mon Mémoire.

» Désireux de laisser à chacun ce qui peut lui appartenir, je m'empresse de signaler cette rencontre fortuite à l'Académie. J'ajoute, pour éviter tout malentendu, que l'analogie porte uniquement sur un cas particulier du régulateur à boules conjuguées à angle droit, et qu'elle n'amène aucune modification dans les conséquences théoriques et pratiques de mes études. »

Paris. — Imprimerie de GAUTHIER-VILLARS, successeur de MALLET-BACHELIER,
Rue de Seine-Saint-Germain, 10, près l'Institut.

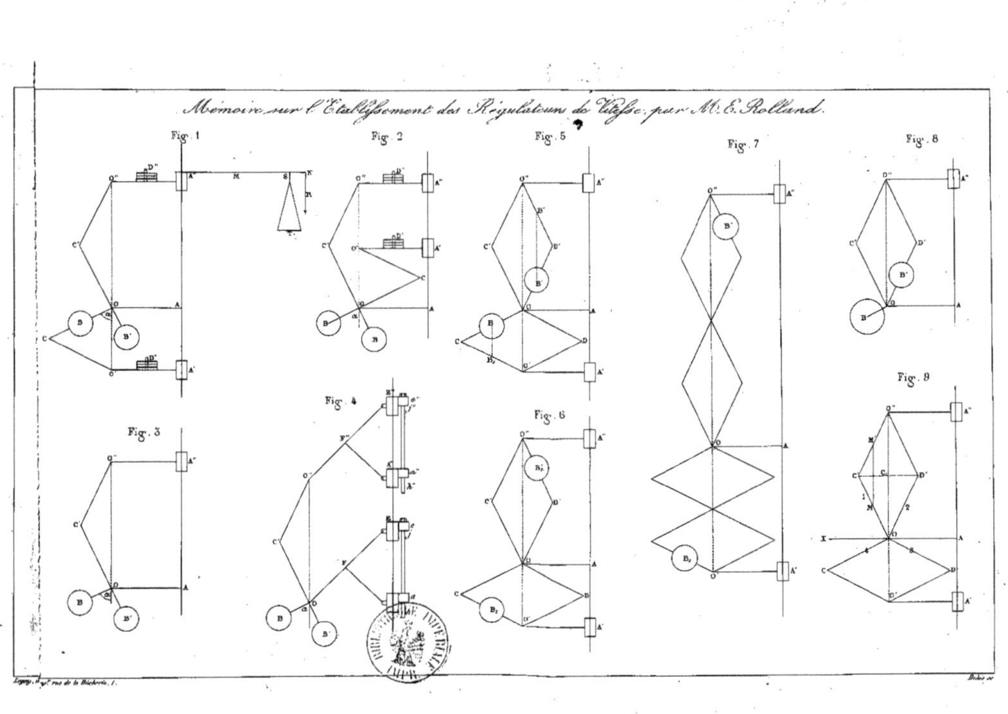

Mémoire sur l'Établissement des Régulateurs de Vitesse, par M. E. Rolland.
Fig. 1
Fig. 2
Fig. 5
Fig. 7
Fig. 8
Fig. 3
Fig. 4
Fig. 6
Fig. 9

PARIS. — IMPRIMERIE DE GAUTHIER-VILLARS,
RUE DE SEINE-SAINT-GERMAIN, 10, PRÈS L'INSTITUT.